생물학 실험서
Biology Lab Manual

예스북

생물학 실험서

초판 1쇄 발행 2008년 2월 28일
초판 3쇄 인쇄 2014년 3월 10일

지은이 | 전북대학교 자연과학대학 생명과학과
　　　　　전북대학교 사범대학 과학교육학부 생물학 전공

펴낸이 | 양봉숙
편　집 | 송미나
디자인 | 김나경
마케팅 | 이주철

펴낸곳 | 예스북
출판등록 | 2005년 3월 21일 제320-2005-25호
주소 | (151-868) 서울시 마포구 노고산동 57-46 아이스페이스 1107호
전화 | (02) 337-3053
팩스 | (02) 337-3054
E-mail | yesbooks@naver.com
홈페이지 | www.e-yesbook.co.kr

ISBN 978-89-92197-26-7 93470

머릿말

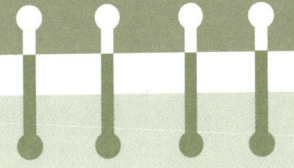

생물학(Biology)이란 bios(삶)과 logos(학문)의 합성어로 생명현상을 과학적인 방법을 사용하여 연구하는 학문이다. 생물학은 1650년대에 레벤후크가 현미경을 사용하여 관찰을 하면서부터 비약적인 발전이 이루어져 왔고, 그 후 연구범위가 매우 광범위하게 확대되어 미생물학, 유전학, 분류학, 형태학, 생태학, 생화학, 분자생물학 등 다양한 분야로 세분되었다. 특히 최근 생명공학 기술이 도입되면서 부터는 기존 생물학 분야의 경계가 없어지고 점차 종합적이고 융합된 형태의 새로운 생물학이 급속도로 발전하고 있다.

생물학은 실험과 관찰을 토대로 하여 형성된 학문이기에 생물학을 이해하기 위해서는 수학, 물리학, 화학, 통계학 등의 기초 지식과 함께 야외나 실험실에서 직접 실습을 통해 경험을 쌓는 것이 매우 중요하다. 본 실험서는 전북대학교 과학교육학부와 생물과학부에 소속된 필자들이 일반생물학학부 강의의 학습효과를 높이고자 작성하였으며, 생물의 기본원리를 쉽게 이해하고 나아가 전반적인 생물학 분야에 연관되어 활용하고자 출판하게 되었다. 하지만 아직은 부족한 점이 많을 것으로 생각되어 독자 여러분의 오류 지적과 제언을 간곡히 바라는 바이며, 앞으로 개정판에서는 단점을 보완하며 보다 발전된 실험서로 거듭날 것을 약속한다. 본 실험서를 통하여 학생 여러분이 다양한 생물학 분야를 경험하고 기본원리를 쉽게 이해하며 이를 바탕으로 학습 능력을 배양하는데 많은 도움이 되길 바란다. 마지막으로 원고 교정에 수고를 아끼지 않은 생물교육과 조교와 여러 학생들에게 고마움을 표한다.

2008년 2월
저자 일동

차 례

제 1장 실험소개 및 실험기구 사용법 7
2장 고분자의 이해 13
3장 세포의 크기 측정 20
4장 체세포 분열 25
5장 감수 분열 29

제 6장 DNA 입체 모형 제작 33
7장 핵형분석 및 유전병 조사 39
8장 식물조직의 DNA 분리 44
9장 PCR 48
10장 전기영동 52

제 11장 식물 핵 DNA의 제한절편 길이 다양성 56
12장 대장균의 형질전환 60
13장 원생 생물의 관찰 65
14장 항생제 감수성 70
15장 대장균 배양과 그람 염색 76

제 16장 박테리아의 성장곡선 81
17장 꽃 기관과 유전자 기능 86
18장 식물 종자의 발아 91
19장 식물조직 배양 95
20장 쥐 해부 99

제 21장 음식물 속 영양소 검출 104
22장 호르몬과 심장 박동 109
23장 혈구의 관찰 114
24장 혈액형 검사 119
25장 삼투와 식물세포의 원형질 분리 124

제 26장 빛의 세기와 광합성 속도 129
27장 잎의 기공 개폐 조절 135
28장 곤충채집 및 표본제작 140
29장 식물군집의 조사 150
30장 식물 채집방법 및 표본제작 154

1장 실험소개 및 실험기구 사용법

1 실험실 안전 수칙

- 실험복을 착용한다.
- 콘택트렌즈 착용하지 않는다.
- 모든 시약이 피부에 닿지 않게 하고, 묻었을 시는 즉시 씻는다.
- 독성기체를 내는 휘발성 액체는 후드 안에서 다룬다.
- 유독성 시약은 일회용 장갑을 끼고 다룬다.
- 방사성물질 등 공해성 물질은 폐기용기를 따로 마련하여 처리한다.
- 실험 중 이리저리 옮겨 다니는 등 소란을 피워서는 안된다.
- 실험실내에서는 음식물을 반입하지 않는다.
- 실험 후 다음 학생을 위해 깨끗이 정리정돈 한다.

2 사고 발생 시 응급 처치

가. 시약이 인체에 묻었을 경우

　1) 피부 : 즉시 다량의 물로 씻고, 산성시약 - 묽은 탄산수소나트륨용액, 염기성시약 - 묽은 아세트산용액으로 씻어낸다.

　2) 입 : 토하도록 한다.

　3) 눈 : 다량의 물로 씻어내고 치료를 받는다.

　4) 기체흡입: 통풍이 잘되는 곳에서 깊게 호흡한다.

나. 화상 : 물로 씻지 말고, 화상연고를 바른 후 치료한다.

다. 화재 : 전기, 버너 등 열원은 모두 끄고, 인화성 물질은 멀리 옮긴다. 의복에 불이 붙었을 경우 뛰지 말고 담요나 실험복을 덮어 불을 끈다.

3 실험 보고서 작성 방법

모든 실험자는 관찰한 것을 즉시 명확하고 정확하게 기록해야 한다.
- 가. 제목
- 나. 서론 : 실험배경 및 목적, 이론적 참고사항을 기재한다.
- 다. 재료 및 기구
- 라. 방법 : 정확하고 자세하게 기술한다.
- 마. 결과 : 자료를 일목요연하게(표나 그래프, 그림) 기술하며, 단위는 정확하게 기입한다.
- 바. 논의 : 결과분석 및 의견을 제시하고, 앞으로 보완될 사항 등을 기재한다.
- 사. 참고문헌 : 보고서 작성에 참고한 책이나 문헌을 기재한다.

4 실험에 대한 기본 사항

모든 실험에 사용되는 물은 순수한 물(증류수나 이온수)을 사용한다.
- 가. 증류수와 이온수
    1) 증류수 : 금속 증류기나 유리 증류기로 증류하여 만들며, 유기물 오염은 문제가 되지 않으나, 때로 금속 이온을 함유하여 시약과 반응함으로써 반응결과에 오차를 생기게 할 수 있다.
    2) 이온수 : 이온교환수지를 통해 금속이온은 제거되나, 폴리머수지를 통과할 때 유기물의 오염은 가능하고 UV 흡광도를 높이는 원인이 될 수 있다.
    3) 보관방법 : 뚜껑을 완전히 밀봉하고 냉장실에 보관한다. 보관 중 혼탁이 생겼을 때에는 버린다.
- 나. 용액의 제조
    1) 퍼센트 농도
        ① W/W 용액 : 100 g의 용액 속에 일정 g의 용질이 녹아 있는 용액
        ② V/V 용액 : 100 ㎖의 용액 속에 일정 ㎖의 용질이 녹아있는 용액
        ③ W/V 용액 : 100 ㎖의 용액 속에 일정 g의 용질이 녹아있는 용액
    2) 몰(molarity) 농도
        1 L의 용액 속에 일정 몰(mole, 질량/분자량)의 용질이 녹아있는 용액
    3) 몰랄(molality) 농도
        1000 g의 용매에 녹아있는 용질의 몰 수

4) 노르말(normality) 농도 : 1 L의 용액속에 포함되어 있는 당량수의 양

5) 제조 및 희석(dilution)

① 1 g의 용질을 10 ㎖의 용매에 녹여서 용액을 만들때: 1.0 g의 용질을 2-3 ㎖ 소량의 용매에 녹인 후, 용매를 10 ㎖ 될 때까지 가한다

② 1:3 dilution : 1.0 ㎖의 sample을 3.0 ㎖의 희석 용액과 섞는다

5 실험에 사용 되는 주요 기구들

Microscope, pipette, water bath, electrophoresis set, microwave centrifuge

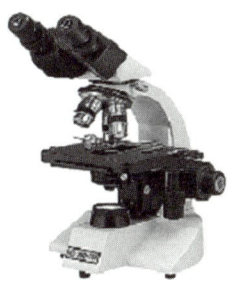

Light Microscope

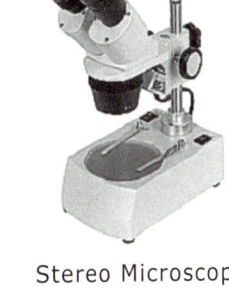

Stereo Microscope

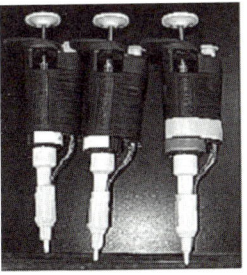

Pipette

Water bath

Vertical Electrophoresis

Horizontal Electrophoresis

6 현미경 사용법

가. 현미경 사용 시 주의사항

1) 현미경을 운반할 때는 똑바로 세운 채 두 손으로 운반한다.
2) 사용하기 전에 접안렌즈, 대물렌즈 및 반사경을 렌즈페이퍼로 닦아야 한다.
3) 현미경 관찰을 할 때는 두 눈을 뜨고 관찰하고, 안경을 낀 사람은 난시가 아니면 안경을 벗고 관찰해야 한다.
4) 저배율로 먼저 물체를 관찰하고 필요하면 고배율로 바꾼다.
5) 고배율로 물체를 관찰할 때는 물체 표면을 덮개유리(cover glass)로 덮어야 한다.
6) 물체의 촛점을 맞출 때에는 반드시 경통을 올리면서 초점을 맞추어야만 한다. 경통을 충분히 올렸는데도 물체의 초점이 맞추어지지 않으면 다시 옆에서 보면서 경통을 내려 대물렌즈가 물체 가까이 오도록 한 다음 위의 과정을 되풀이한다.
7) 현미경의 재물대 위에 용액이나 염색약이 떨어지지 않도록 주의하고, 알코올이나 산은 어떤 종류라도 현미경에 묻지 않도록 주의하자.

나. 현미경 사용 후의 처리

1) 관찰이 끝나면 슬라이드글라스를 빼고 재물대에 묻은 물기나 먼지를 닦아낸다.
2) 현미경이 기울어져 있으면 다시 원래의 위치대로 수직이 되게 하여야 한다.
3) 사용 후는 대물렌즈 회전판을 돌려서 저 배율의 대물렌즈가 경통 바로 아래로 오게 하여 둔다.
4) 대물렌즈의 하단이 재물대로부터 1 cm 이하의 높이까지 오도록 경통을 낮춘다.
5) 현미경을 저장장소로 옮길 때에는 양손을 사용한다.
6) 모든 슬라이드글라스를 세척한다. ■전기선 정리를 잘 한다.

다. 현미경 사용법

1) 목적

생물학 실험에서 필수적인 현미경의 올바른 사용법과 사용할 때의 주의사항을 익히고 현미경의 구조와 작동 원리를 이해한다. 특히 실험이 완료된 후 학생들은 재물대 미터의 사용법, 관찰된 상의 모양과 이동방향, 배율과 해상력의 차이 등을 이해할 수 있어야 한다.

2) 재료

광학현미경, 해부현미경, 슬라이드 글라스, 커버 글라스, 증류수, 스포이드, 여과지나 종이 타올, 렌즈 페이퍼, 신문지, 핀셋

A. 프레파라트 제작법

① 신문지에서 글자 1-2개를 정사각형으로 잘라낸다.

② 슬라이드 글라스 위에 신문조각을 글자가 바르게 보이게 놓고 증류수 1-2 방울을 스포이드로 떨어뜨린다.

③ 커버글라스의 한변을 슬라이드 글라스에 대고 약 45도 기운 상태에서 천천히 덮는다. 이때 기포가 들어가지 않도록 주의한다.

④ 여분의 물기는 여과지나 종이 타올로 닦아낸다.

B. 현미경 관찰

① 위에서 제작한 프레파라트를 광학현미경 재물대의 정위치에 놓고 가장 낮은 배율의 대물렌즈를 선택한다.

② 현미경의 광원을 켜고 조동나사를 이용하여 프레파라트와 대물렌즈가 거의 맞닿을 정도로 접근시킨다. 이때 반드시 맨눈으로 보면서 조동나사를 움직여 프레파라트와 대물렌즈를 접근시킨다.

③ 조동나사를 이용하여 대물렌즈를 프레파라트와 떨어뜨리면서 상의 초점을 맞춘다.

④ 초점이 어느 정도 맞으면 조동나사를 고정시킨다. 미동나사를 이용하여 더욱 명확한 상을 얻는다.

⑤ 고배율로 관찰하기 위해서는 대물렌즈 교환기를 돌려 원하는 배율의 대물렌즈를 선택한다. 현미경은 등초점 능력(parfocal)을 갖고 있어 특정 배율에서 초점을 맞추면 배율을 바꾸어도 초점은 변하지 않고 그대로 유지된다. 미동나사를 이용하여 더욱 명확한 상을 얻는다.

⑥ 해부 현미경 하에서의 관찰도 프레파라트를 재물대 중앙에 놓고 원하는 대물렌즈의 배율을 배율 조절나사로 맞춘 후, 조동나사를 이용하여 초점을 맞춘다.

C. Results

① 광학현미경에서 신문지 조각을 저배율로 보았을 때 글자의 상이 어떻게 맺혀지는가? 신문지상의 실제 글자와 어떻게 다른가?

② 광학현미경 및 해부현미경에서 슬라이드 글라스를 오른편에서 왼편으로 옮겨 주면 현미경으로 보는 상은 어느 쪽으로 옮겨지는가?

③ 광학현미경 및 해부현미경에서 슬라이드 글라스를 자기 앞으로 당겼을 때는 상이 어떻게 옮겨지는가?

④ 고배율에서 저배율로 대물렌즈를 바꾸면 시야 속의 위치는 바뀌는가?

⑤ 고배율에서 시야의 밝기는 저배율과 비교하여 어떤가?

⑥ 신문지 조각을 보았을 때 맺히는 글자의 상을 그리시오.

⑦ 자신이 사용했던 현미경의 간단한 각 부분의 구조와 명칭을 기입한다.

실험 보고서

일 시	년 월 일 교시	실험조	조
학 번		기 온	
실험제목			

2장 고분자의 이해

1 실험의 개요

원자(atom) : 화학원소로서의 특성을 잃지 않는 범위에서 도달할 수 있는 물질의 기본적인 최소입자이다.

분자(molecule) : 결합을 통해 이루어진 원자들의 집합체이다. 예)H_2O, CH_4

이온(ions) : 원자 또는 원자 뭉치가 음 전하나 양 전하를 갖게 되면 이온이 된다. (원자 또는 원자 뭉치에서 양자 수와 전자수가 같지 않다). 예)Na^+ Cl^-

화학결합(chemical bonds) : 원자 또는 이온의 결합을 말하며 이온결합, 공유결합, 금속결합, 배위결합으로 나뉜다.

분자간에 작용하는 힘 : 분자들 사이에 작용하는 힘을 말하며, 이 힘은 화학 결합에서 작용하는 원자, 이온들 사이의 힘보다는 약하지만 고체, 액체, 용액의 상태와 성질을 결정하는 중요한 요인이 된다.
- 반데르발스의 힘, 수소결합

분자들을 표현하는 방법은 여러 가지가 있다. 가장 간단한 것이 화학식(chemical formula) 이다. 분자 속에 포함되어 있는 각각의 원소들은 원소기호를 사용하여 나타내고, 탄소를 제외한 나머지 원자는 알파벳 순으로 표기하고, 원자의 상대적 수는 아래 첨자로 나타낸다.

구조식(structural formula) : 분자의 각각의 결합 모양을 보다 잘 보여주는 식이다. 각각의 결합을 선으로 나타내고 분자의 실제 구조를 보여주기도 한다.

분자모형 : 공간채움 모형(space filled model)과 공-막대 모형(ball and stick model)을 사용하여 분자 내에서 원자들의 상대적인 위치를 나타낸다. 공간채움 모형의 경우 원자들의 상대적 크기도 나타낼 수 있다.

(예) •Li, •Be•, •B•, •C•, •N•, •O•, •F•, •Ne•,

8개의 전자가 2개씩 짝을 이룬다.

루이스 구조식

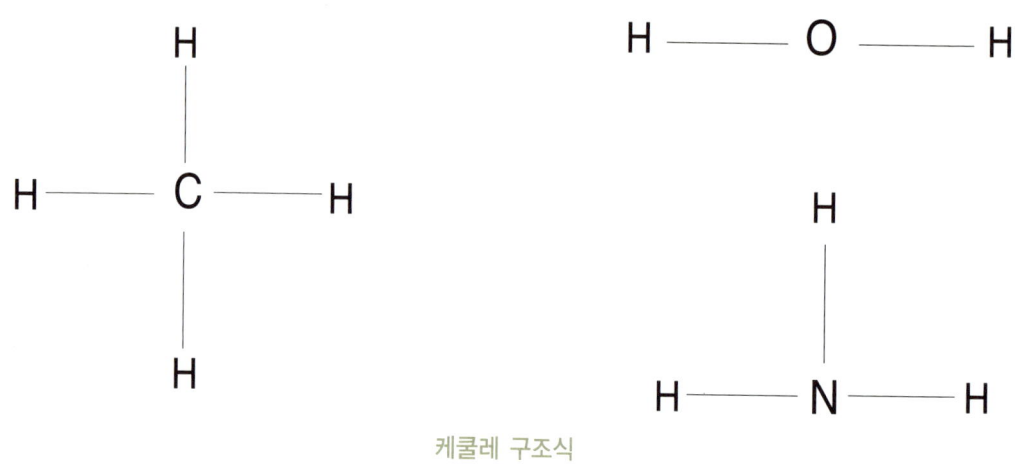

케쿨레 구조식

가. 탄소 화합물

1) 정의

생물체의 주요 성분을 구성하는 탄소 화합물은 19세기 초까지만 하더라도 생물체 속에서 생명력에 의해서만 만들어진다고 생각하였으므로, 무생물계에서 얻어지는 무기 화합물과 구별하여 유기 화합물이라고 불렀다. 그러나 1828년 독일의 화학자 뵐러가 무기물인 시안 산암모늄(NH_4CNO)에서 유기 화합물인 요소를 합성한 이후부터 무기 화합물과 유기 화합물의 구별이 무의미 하게 되어, 지금은 유기 화합물을 탄소 화합물이라고 부른다.

Alkane(알칸)

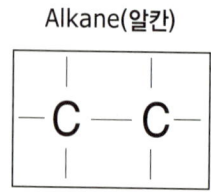

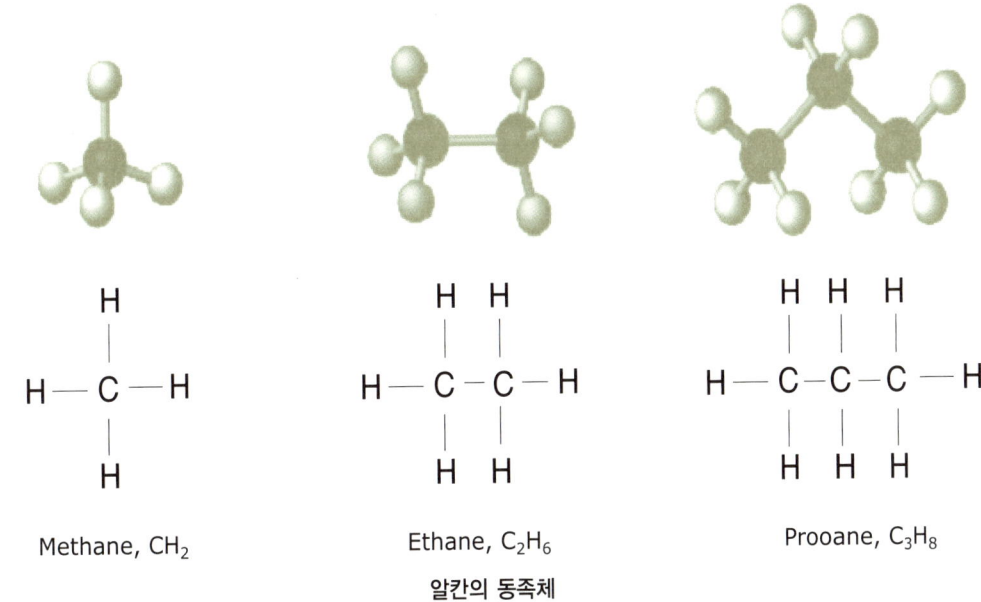

Methane, CH₂   Ethane, C₂H₆   Prooane, C₃H₈

알칸의 동족체

이 름		분자식	녹는점 ℃	끓는점 ℃	이성 질체수	알킬기 (R-)	알킬기 이름
메탄	methane	CH_4	−182.1	−164.0	0	CH_3	메틸
에탄	ethane	C_2H_6	−183.8	−88.6	0	C_2H_5	에틸
프로판	propane	C_3H_8	−18.97	−42.1	0	C_3H_7	프로필
부탄	butane	C_4H_{10}	−138.4	−0.5	2	C_4H_9	부틸
펜탄	pentane	C_5H_{12}	−130.0	36.1	3	C_5H_{11}	페틸
헥산	hexane	C_6H_{14}	−95.0	69.0	5	C_8H_{13}	헥실
헵탄	heptane	C_7H_{16}	−90.69	8.4	9	C_7H_{15}	헵틸
옥탄	octane	C_8H_{18}	−56.8	125.7	18	C_8H_{17}	옥틸
노난	nonane	C_9H_{20}	−51.0	150.8	36	C_9H_{19}	노닐
데칸	decane	$C_{10}H_{22}$	−29.7	174.1	75	$C_{10}H_{21}$	데실

물질명에 스인 수의 표시

	1	2	3	4	5	6	7	8	9	10
수	mono	di(bi)	tri	tetra	penta	hexa	hepta	octa	nona	deca
물질 이름	metha	etha	proa	buta	penta	hexa	hepta	octa	nona	deca

이성질체 : 분자식은 같으나 구조식이 다른 물질이다. 성질이 다르다. (끓는점 부탄 0°C, 이소부탄 −12°C)

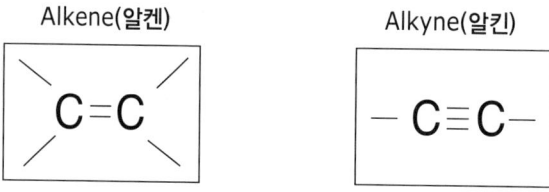

중요한 작용기와 그 특성

작용기	이 름	유도체의 일반식과 이름		화합물의 예	
−OH	히드록실기	R−OH	알코올	CH_3OH C_2H_5OH	메탄올 에탄올
−C(=O)H	포르밀기	R−CHO	알데히드	$HCHO$ CH_3CHO	포름알데히드 아세트알데히드
−C(=O)O−H	카르복실기	R−COOH	카르복시산	$HCOOH$ CH_3COOH	포름산 아세트산
−C(=O)−	카르보닐기	R−CO−R'	케톤	CH_3COCH_3 $CH_3COC_2H_3$	아세톤 에틸메틸케톤
−O−	에테르결합	R−O−R'	에테르	CH_3OCH_3 $C_2H_5OC_2H_5$	디메틸에테르 디에틸에테르
−C(=O)−O−	에스테르결합	R−COO−R'	에스테르	$HCOOCH_3$ $CH_3COOC_2H_5$	포름산메틸 아세트산에틸
−N(H)(H)	아미노기	R−NH_2	아민	CH_3NH_2 $C_6H_5NH_2$	메틸아민 아닐린

기능기에 따른 분류 : 기능 원자단(functional groups) : 탄화수소 사슬에 결합되어 있으면서 분자 전체에 어떤 특성을 부여하는 원자단이다.

나. 아미노산

한 분자 안에 아미노기 (NH_2)와 카르복시기 (COOH)를 가지는 유기화합물로, 모든 생명현상을 관장하고 있는 단백질의 기본 구성단위이다.

일반식: R−$CHNH_2$−COOH

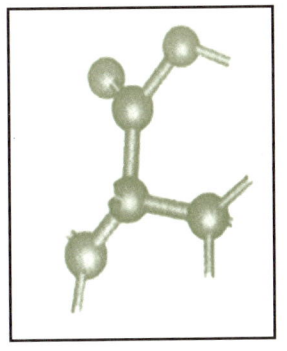

알라닌

Condensation

Two amino acids → Dipeptide

다. 폴리펩티드

　　2개 이상의 아미노산이 사슬 모양의 펩티드 결합으로 길게 연결된 것이다.

라. DNA : 핵산의 일종으로 유전자의 본체이다.

　　　핵산-뉴클레오티드라고 하는 단위물질의 연결이다.

　　　구성-오탄당, 염기, 인산으로 구성된다.

2 실험의 목적

분자구조모형을 가지고 그 분자를 구성하고 있는 원자의 입체 배치와 원자간의 결합상태를 이해한다.

3 실험 재료

분자모형키트

4 실험 방법

앞서 설명한 슬라이드를 참고하여 다음과 같이 제작하여 사진을 찍는다.

　가. 알칸, 알켄, 알킨의 분자모형을 제작한다.

　나. 기능기를 가진 화합물을 제작한다.

　다. 폴리펩티드 결합을 제작한다.

　라. 각 조별로 DNA염기를 나눠 제작한 후 서로 결합한다.

Polynucleotide의 기본 구조

1. 오탄당과 염기의 결합

　: 오탄당 1번과 퓨린 염기 9번, 피리미딘 1번 위치가 결합한다.

2. 오탄당 사이의 결합

　: 오탄당 3번 OH기와 인접 오탄당 5번 _H가 탈락하여 phosphodiester결합한다.

3. Polarity

　: 5번 말단에는 항상 인산 3번 말단에는 항상 OH가 온다.

5 실험 결과

　가. 폴리펩티드의 구조식과 분자모형을 그린다.

　나. DNA 구조를 그리고 구조를 이루는 세부사항을 조사한다.

실험 보고서

일 시	년 월 일 교시	실험 조	조
학 번		기 온	
실험제목			

3장 세포의 크기 측정

1 실험 개요

현미경은 눈으로 볼 수 없는 미시의 세계를 확대시켜 보는 기계이기 때문에 생물체의 기본단위인 세포를 알기 위하여서는 현미경의 원리와 기능 그리고 그의 취급법을 알아야 하며 생명현상을 측정할 때는 여러 가지 측정단위가 필요하다. 먼저 현미경의 원리를 알고, 마이크로미터를 이용하여 현미경 시야에 나타나는 물체의 상의 크기를 측정하는 방법을 익히게 한다.

준비한 식물세포와 동물세포를 관찰한 후 두 세포의 차이점을 관찰하게 하고, 세포의 크기를 직접 측정하게 함으로써 현미경 사용법을 익히고, 세포에 대한 지식을 가지게 한다. 이 실험이 끝난 후에는 논의를 통해 동물세포와 식물세포의 차이점을 알고 또한 세포의 크기를 측정할 수 있게 한다.

2 실험 준비물

광학현미경, 접안 마이크로미터, 대물 마이크로미터, 슬라이드글라스, 커버글라스, 면도날, 핀셋, 스포이트, 면봉, 거름종이, 양파, 구강 상피 세포, 아세트산카민 용액, 메틸렌블루 용액

3 방법 및 절차

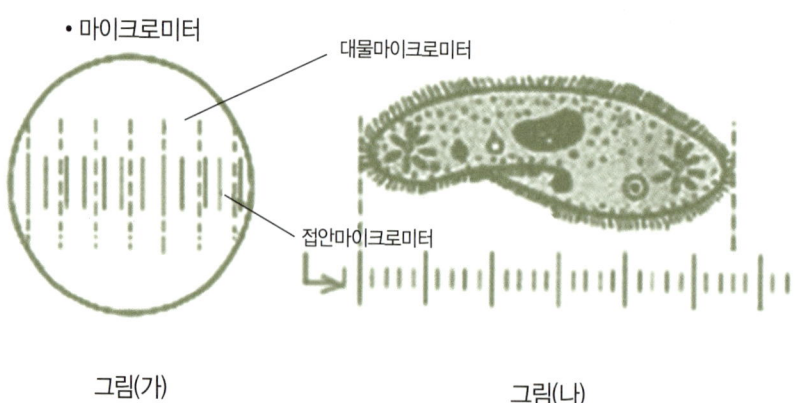

그림(가)   그림(나)

실험 1 마이크로미터를 이용한 세포의 크기 측정
가. 접안렌즈에 접안 마이크로미터를 끼운다.
나. 대물 마이크로미터를 재물대 위에 놓고 배율이 100배로 되도록 대물렌즈를 맞춘다.
다. 현미경의 초점을 맞추고, 재물대를 움직여 접안 마이크로미터와 대물 마이크로미터의 눈금이 겹치게 한다.
라. 두 눈금이 겹치는 부분을 찾아 그 사이의 눈금 수를 각각 센 후, 다음의 계산식을 이용하여 접안 마이크로미터 한 눈금의 길이를 확인한다.
L = (대물 마이크로미터의 눈금 수 / 접안 마이크로미터의 눈금 수) × 10 ㎛

실험 2 양파 표피세포 관찰과 크기 측정
가. 양파를 네 쪽으로 자르고, 비늘잎을 한 조각 떼어 낸다.
나. 비늘잎 안쪽에 면도날로 한 조각의 크기가 5×5 mm정도가 되게 칼집을 낸 후, 표피를 벗겨 내어 슬라이드 글라스 위에 올려놓는다.
다. 물을 한 방울 떨어뜨린 다음 커버 글라스로 덮는다.
라. 커버 글라스의 끝부분에 아세트산카민 용액을 한 두 방울 떨어뜨린 다음, 그 반대쪽에 거름종이를 놓아 아세트산카민 용액이 커버글라스 안으로 스며들게 한다.
마. 현미경 배율을 100배로 하여 양파 표피세포를 관찰하고, 접안마이크로미터의 눈금을 이용하여 세포의 크기를 측정한다.
바. 고배율에서 세포를 관찰하고, 관찰한 결과를 그린다.

실험 3 사람의 구강 상피 세포 관찰과 크기 측정
가. 성냥개비나 면봉으로 볼의 안쪽 면을 긁어 슬라이드 글라스에 묻힌다.
나. 메틸렌블루 용액을 한 두 방울 떨어뜨린 다음, 커버 글라스를 덮는다.
다. 현미경 배율을 100배로 하여 구강 상피 세포를 관찰하고, 접안마이크로미터의 눈금을 이용하여 세포의 크기를 측정한다.
라. 고배율에서 세포를 관찰하고, 관찰한 결과를 그린다.

4 결과 및 고찰

가. 양파의 표피세포와 사람의 구강 상피 세포의 모양은 어떠한가? 그림으로 나타내어 보시오.

나. 세포 안의 어느 부분이 아세트산카민 용액과 메틸렌블루 용액에 염색되었는가?

다. 양파 표피세포와 구강 상피 세포의 크기를 각각 얼마인가? 어느 세포의 크기가 더 큰가?

5 논의

가. 해상력이란 무엇인가? 사람의 눈, 광학현미경, 전자현미경의 해상력을 비교 설명해 보시오.

나. 현미경의 종류에 따른 물체의 상이 맺히는 원리를 조사해 보시오.

다. 세포가 커지면 분열하는 것이 세포에게 유리하게 작용하는 이유를 설명해 보시오.

참고문헌
- 광학현미경: 원리와 사용법, 1996, 아카데미서적, 안태인과 최지영
- 생물실험, 2004년, 교육인적자원부
- Life : The Science of Biology, 2004, 7th, Sinauer Associates, Inc. Bill Purves et al.

실험 보고서

일 시	년 월 일 교시	실험 조	조
학 번		기 온	
실험제목			

4장 체세포 분열

1 실험의 개요

- 생물은 세포분열에 의해 생장하고 증식한다. 세포분열은 모세포의 세포물질이 딸세포로 균일하게 나누어 전해지는 복잡한 현상으로서 세포에서 세포로의 연속성을 유지해 준다.
- 동물과 식물은 세포의 구조에서 다소 차이가 있어 세포분열의 과정에 있어서도 약간의 차이를 보이나 근본적으로는 다르지 않다. 세포 분열은 핵분열과 세포질분열로 구분되며 핵분열은 그 양상에 따라 다시 유사분열과 무사분열로 나눠지는데 생장을 가져오는 체세포분열과 생식에 관련된 감수분열은 모두 유사분열에 속한다.

본 실험에서는 양파의 뿌리 끝 부위에 있는 생장점 조직을 관찰하는데 이를 통해 체세포분열의 전 과정을 이해하고 나아가 이러한 세포분열이 결과적으로 생물의 생장을 가져온다는 사실을 확인해보자.

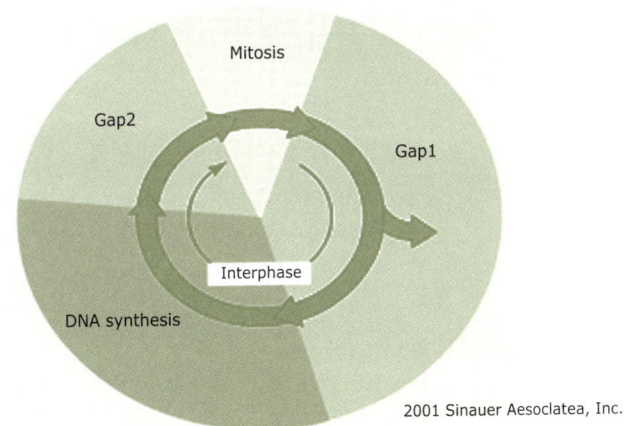

2001 Sinauer Aesoclatea, Inc.

세포의 주기

간기 : 부피 증가, 염색체 복제가 일어나는 시기이다.

G1 : 단백질합성, 미토콘드리아, 리보솜 등의 세포 소기관 합성, 세포의 생장이 일어나는 시기이다.

S : DNA 복제가 일어나는 시기이다.

G2 : DNA 복제 후 세포분열을 준비하는 시기이다.

세포분열기(mitosis) : 핵분열, 세포질 분열이 일어나는 시기이다.

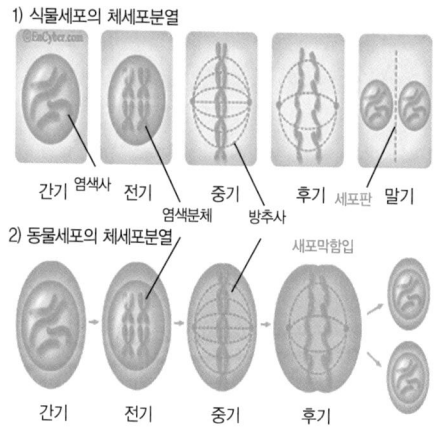
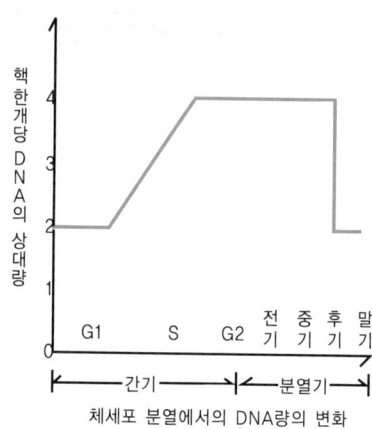

체세포 분열에서의 DNA량의 변화

2 준비물

가. 기구

현미경, 슬라이드글라스, 커버글라스, 핀셋, 해부침, 면도날, 비커, 페트리 접시, 스포이트, 알콜램프, 삼발이, 석면망, 온도계, 스탠드, 고무달린연필

나. 재료

고정액(에탄올 3과 아세트산 1의 혼합액), 아세트산카민용액, 가아제, 묽은 염산, 실, 거름종이, 양파뿌리

3 실험상의 유의 사항

가. 생장점 부위를 잘 찾도록 한다.

나. 슬라이드글라스 위에 재료를 놓고 커버글라스를 덮을 때 기포가 들어가지 않도록 주의한다.

다. 거름종이로 커버글라스를 덮고 누를 때 커버글라스가 밀리거나 깨지지않도록 엄지손가락을 수직으로 세워 적당한 힘을 가한다.

라. 현미경 관찰 시엔 저배율로 먼저 상을 찾은 후 고배율로 관찰한다.

마. 염색이 덜 되었을 경우 커버글라스의 한쪽 끝에 아세트산카민액을 한방울 떨어뜨린 다음 수분 후 압착하여 재검경한다.

4 탐구 과정

가. 문제 제기

  생물의 자람은 어떤 과정을 거쳐 이루어질까?

나. 절차 및 방법

1) 양파를 물 재배하여 뿌리가 2~3 cm정도 자라면 5 mm정도로 뿌리 끝을 잘라 1-2일간 고정한다.
2) 처리된 재료를 물로 씻은 다음 50-60°C의 묽은 염산에 약 8분간 데운다.
3) 다시 이것을 물에 담근 후 뿌리 하나를 슬라이드글라스 위에 올려 놓는다.
4) 면도날로 뿌리골무 부위를 긁어 없앤 후 뿌리 끝부위의 생장점을 취한다.
5) 아세트산카민용액으로 약 1분간 염색한다.
6) 재료의 한쪽 끝에 면도날을 받치고 커버글라스를 덮은 후 고무 달린 연필로 가볍게 수회 두드린다.
7) 면도날을 빼고 거름종이를 덮은 후 엄지손가락으로 그 위를 누른다.
8) 현미경으로 관찰한 후 보고서를 작성한다.

5 결과 및 고찰

가. 양파의 어린 뿌리 끝을 실험재료로 쓴 까닭은 무엇인가?
나. 아세트산카민용액으로 붉게 염색되는 부분은 어디인가?
다. 면도날을 받치고 커버글라스를 덮어 고무달린 연필로 두드리는 까닭은 무엇인가?
라. 염색체의 형태가 가장 뚜렷이 관찰되는 분열시기는 언제인가?
마. 분열후기에서 동원체의 위치와 염색체의 모양을 관련지어 생각해보자.
바. 양파의 염색체 수는 모두 몇 개나 될까?

6 논 의

가. 체세포분열의 의의를 생각해 보자.
나. 체세포분열의 관찰재료로 양파뿌리 이외에 또 어떤 것이 적당한지 조사 해보자.

참고 문헌

과학 I상 실험서 전라북도과학교육원 출판

실험 보고서

일 시	년 월 일 교시	실험 조	조
학 번		기 온	
실험제목			

5장 감수 분열

1 실험의 개요

- 감수분열은 동식물의 생식세포를 형성하는 분열 방법이며, 염색체 수가 반으로 줄어드는 분열이다. 감수 분열로 만들어진 암수의 두 생식세포가 접합하여 다음 대의 새 개체를 만들게 되는데 각 세대의 염색체 수는 종에 따라 일정하므로 생식세포의 염색체 수는 체세포의 반이 되지 않으면 안 된다. 만일 감수 분열이 체세포 분열과 같은 방식을 취한다면 대를 거듭 할수록 염색체 수가 2배로 증가하게 된다.
- 감수 분열은 제 1분열과 제 2분열의 2회 연속 분열을 거치며, 제 1분열에서 염색체 수가 반감된다. 제 1분열은 다시 전기, 중기, 후기, 말기로 구분되고 제 2분열은 세포의 종류에 따라 간기나 전기가 없이 직접 중기로 들어가 후기, 말기를 거쳐 염색체 수가 반감된 4개의 생식세포를 만들게 된다.
- 감수 분열은 고등식물에서는 화분모세포와 배낭모세포, 동물에서는 정모세포와 난모세포에서 일어난다.

본 실험에서는 화분모세포에서 일어나는 감수 분열의 각 시기의 상태를 관찰함으로써 감수 분열의 과정과 의의를 이해한다.

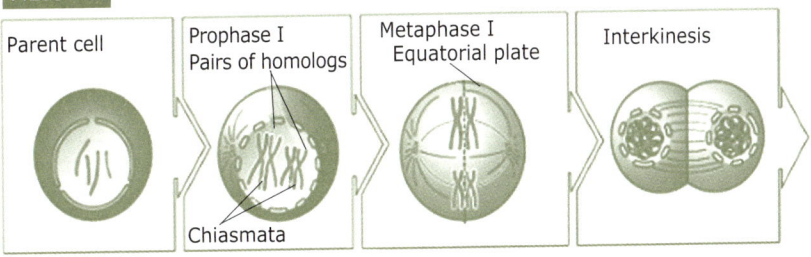

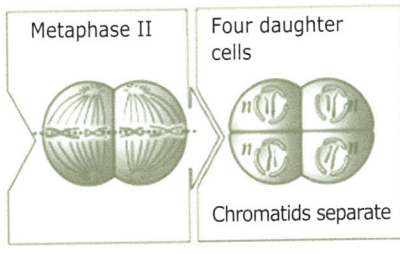

Meiosis is a mechanism for diversity:
The parent nucleus produces for haploid daughter nuclei, each different from the parent and from its sister.

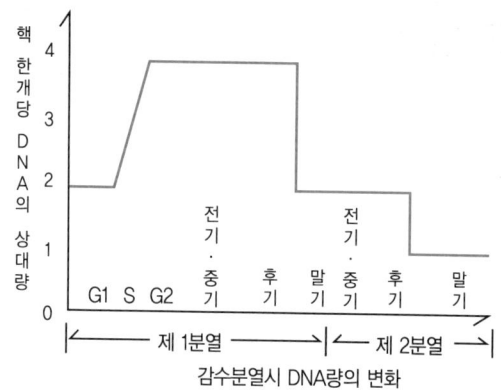

감수분열시 DNA량의 변화

2 준비물

가. 기구

　현미경, 슬라이드글라스, 커버글라스, 스포이트, 알콜램프

나. 재료

　아세트산카민용액, 거름종이, 자주달개비

3 실험상의 유의 사항

가. 개화되지 않은 어린 꽃봉오리를 재료로 한다.

나. 가열할 때 아세트산카아민 용액이 끓지 않을 정도로 약하게 가열한다.

다. 커버 글라스를 덮고 엄지손가락으로 누를 때 커버 글라스가 깨어지지 않고, 세포가 한 층으로 펴질 정도로 누른다.

4 탐구 과정

가. 문제 제기

　생식세포는 어떤 과정으로 염색체 수가 반감되어지는가?

나. 절차 및 방법

　1) 자주달개비의 어린 꽃봉오리를 헤쳐 열고, 꽃밥을 따서 슬라이드 글라스 위에 옮겨 놓는다.

2) 핀셋으로 꽃밥을 터뜨린 후, 그 위에 아세트산카아민 용액을 1~2방울 떨어뜨리고 슬라이드 글라스를 알코올램프 위에서 약하게 가열한다.

3) 3~4분 후에 커버 글라스를 덮고 거름종이를 얹어 엄지 손가락으로 가볍게 눌러 현미경으로 관찰하여 보자.

5 결과 및 고찰

가. 감수 분열에서 2가 염색체를 관찰할 수 있는 시기는 언제인가?

나. 자주 달개비의 생식세포 염색체 수는 몇 개로 되겠는가?

다. 감수 분열 제 1분열과 제 2분열의 차이점은 무엇인가?

라. 감수 분열의 각 시기를 순서대로 정리하여 보자.

6 논의

감수분열의 관찰 재료로 배낭모세포나 동물의 정모세포보다 화분모세포가 흔히 이용되는 이유는 무엇일까?

참고 문헌
과학 I상 실험서 전라북도과학교육원 출판

실험 보고서

일 시	년 월 일 교시	실험 조	조
학 번		기 온	
실험제목			

6장 DNA의 입체 모형 제작

1 실험 개요

1953년 왓슨(James Watson)과 크릭(Francis Crick)에 의해서 밝혀진 DNA의 이중 나선 구조는 유전정보의 저장, 복제, 발현 등의 유전 현상을 이해하는 데 결정적인 기여를 하였다. 왓슨과 크릭은 주로 DNA 구조에 대한 X-선 회절 사진에 나타난 자료를 근거로 DNA의 이중 나선 구조를 규명하였다. 그러므로 DNA의 이중 나선 구조에 대한 이해는 유전 현상을 분자 수준에서 이해하는 데 필수적이며, 또한 유전자 재조합을 통한 유전 공학 등 새로운 생명과학의 응용 분야를 이해하는데도 중요하다.

DNA 이중 나선의 기본 구조는 뉴클레오티드(nucleotide)라고 부르는 단위체이다. 뉴클레오티드는 디옥시리보오스(deoxyribose)에 염기와 인산이 결합된 구조로, 뉴클레오티드들이 길게 연결되면 긴 사슬의 폴리뉴클레오티드가 만들어진다. DNA는 2개의 긴 폴리뉴클레오티드 사슬이 서로 마주보고 꼬이면서 결합하고 있다. 당-인산-당-인산의 형태로 이어지는 DNA의 골격은 이중 나선의 바깥쪽에 위치하며, 아데닌(A)과 티민(T), 그리고 시토신(C)과 구아닌(G) 사이의 상보적 결합을 하고 있는 염기들은 이중 나선 구조의 안쪽에 위치한다.

2 실험 기구 및 재료

스탠드, 칼, 고무마개, 굵은 철사, 뉴클레오티드의 구조가 인쇄된 종이, 풀, 고무관, 빨대, A4 용지

3 방법 및 절차

가. 그림을 복사하여 오려 A:T, T:A, G:C, C:G 형태의 뉴클레오티드 쌍을 준비한다.
나. 1 m 정도의 철사를 고무마개에 고정한다.
다. 1.5 cm 정도의 고무관이나 빨대를 20개씩 준비한다.
라. 각 뉴클레오티드 쌍을 표시된 구멍을 통해 계속 철사에 꽂는다. 각 뉴클레오티드 쌍들 사이에는 고무관이나 빨대를 끼운다.

마. 인접한 뉴클레오티드 쌍을 연결하기 위해서는 앞에 있는 뉴클레오티드 쌍의 그림에 표시된 ②부위 위에, 뒤에 따라오는 뉴클레오티드 쌍의 ①부위를 올려놓고 풀로 붙인다. 그리고 다음에는 뒤에 따라오는 뉴클레오티드 쌍의 ④부위 위에, 앞에 있는 뉴클레오티드 쌍의 ③부위를 올려놓고 풀로 붙인다.

바. 동일한 방법으로 준비된 모든 뉴클레오티드 쌍을 임의의 순서대로 결합시킨다.

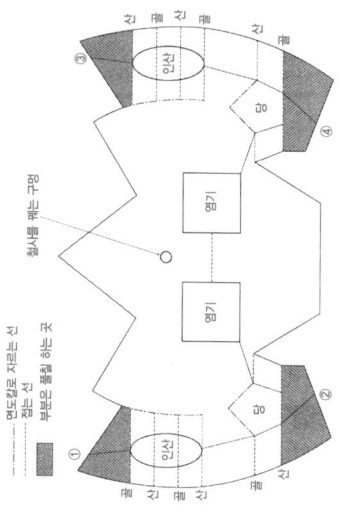

4 결과 및 고찰

가. 각자 제작한 DNA의 입체모형은 각각 DNA의 이중 나선 구조를 정확하게 나타내는가? 그렇지 못하다면 DNA의 어떤 특성을 제대로 나타내지 못하였는가?

나. DNA의 이중 나선은 어떤 방향으로 회전하였는가? 또 그 회전 방향은 어떤 기준에 의해서 결정하였는가?

다. DNA의 두 사슬의 각 말단은 서로 어떤 방향성을 갖고 있는가? 사슬의 말단에 대한 방향성은 어떤 기준에 의해서 결정되는지 제작된 DNA 모형으로 설명할 수 있는가?

라. DNA의 이중 나선의 한 번 회전할 때마다 몇 개의 뉴클레오티드 쌍이 사용되었는가? 살아 있는 세포 속에는 몇 개의 뉴클레오티드 쌍이 연결되어야 이중 나선이 한 번 회전할까?

5 논의

가. 왓슨과 크릭의 DNA의 모형 구조의 핵심은 무엇인지 조사하여 토의해 보시오.

나. 왓슨과 크릭이 발견한 DNA의 이중 나선 구조와 다른 형태의 DNA 구조가 있는지 알아보시오.

다. 각자 만든 DNA 모형을 이용하여 DNA의 복제와 전사 과정을 설명할 수 있는 모의실험 과정을 설계해 보시오.

라. DNA 외의 유전물질로는 어떤 것들이 있는지 알아보고 어떤 생물체들이 DNA 외에 다른 것을 유전물질로 지니는지 조사해 보시오.

참고사항

생명의 근본이 되는 유전물질은 그 구조가 안정하여야 하고, 많은 정보를 가질 수 있어야 한다. 이를 위하여 가능한 물질은 핵산이나 단백질을 꼽을 수 있는데, 핵산에는 DNA와 RNA가 있다. 이 중 RNA는 안정성이 떨어져 실질적으로 DNA나 단백질 중의 하나가 유전물질이 될 가능성이 있다. 유전물질이 단백질이 아니고 DNA라는 결론은 Avery 등과 허쉬와 체이스(Hershey & Chase) 실험에 의하여 밝혀졌는데, 이들은 DNA가 유전특성을 전달하는 물질임을 실험을 통해 알게 되었고, DNA는 2중 나선 구조로 되어 있으며, 그 내용물은 염기와 당, 그리고 인산으로 구성되어 있는데, 당이 데옥시리보오스(deoxyribose)로 되어 있을 경우를 DNA, 리보오스(ribose) 당으로 구성되어 있을 경우를 RNA라고 한다. 염기는 퓨린(purine) 염기와 피리미딘(pyrimidine) 염기로 구분할 수 있는데, purine에는 adenine(A)과 guanine(G)이 있고, pyrimidine에는 cytosine(C), thymine(T), 그리고 uracil(U)이 있는데, DNA에서는 A, G, C 및 T가 사용되고, RNA에는 T 대신 U가 사용되어 RNA는 A, G, C, 및 U로 구성되어 있다. DNA는 2중 나선 구조이기 때문에 각 염기는 다른 염기와 쌍을 이루는데 A는 T(RNA의 경우 U)와, G는 C와 짝을 이룰 수 있다. 염기는 3개씩 짝을 이루어 아미노산 하나를 지시할 수 있는데, 이를 코돈(codon)이라 한다. 예를 들면 AAC는 아스파라긴을 GAA는 글루탐산을 지시하게 되어있어 DNA 염기서열을 분석하면 이 서열이 지시할 수 있는 단백질의 아미노산 서열을 알 수 있다.

참고문헌

- 분자생물학, 2007년, 3판, 라이프사이언스, 이명석 역
- 생물실험, 2004년, 교육인적자원부

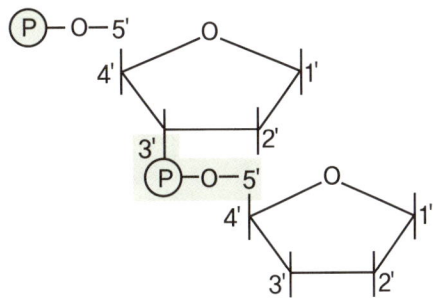
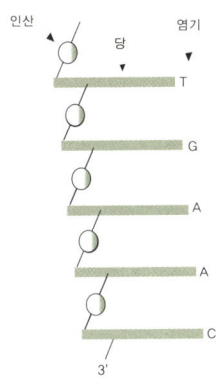
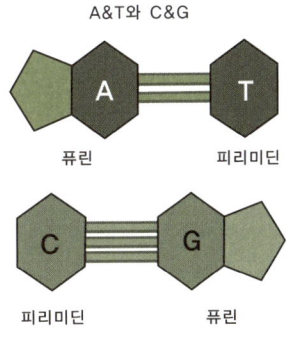

실험 보고서

일 시	년 월 일 교시	실험 조	조
학 번		기 온	
실험제목			

7장 핵형분석 및 유전병 조사

1 실험 개요

　핵형분석이란 염색체의 수나 모양으로 표현되는 염색체조의 특성을 분석하는 일로 실제로는 세포의 핵분열 중기의 염색체를 사진이나 도식에 의하여 분석한다. 분열 중기의 염색체를 사진이나 그림으로 나타내어 상동쌍(相同雙)을 구하여 크기의 순서로 배열하면 그 개체나 종의 핵형의 특징을 알 수 있다. 핵형분석을 통해서 근연종의 유연관계를 알 수 있고, 정상 핵형과 비교하여 어느 염색체에 이상이 생겼는가를 알 수도 있다. 이러한 염색체 분석은 훈련된 세포유전학자(cytogenetist)에 의해서 이루어지며 분석된 결과가 핵형이다.

　핵형을 보면 각 염색체가 굽거나 휘어져서 보이는데 이는 단순히 현미경의 슬라이드에 어떻게 놓여 있는가에 따라서 나타나는 결과이다. 염색체는 DNA가 결합된 유연한 구조체이며, DNA의 조합이 유전자(gene)이다. 염색체는 세포 내에서 유전자가 결합된 상태일 때 분석 가능하며 결합되지 않은 상태일 때는 DNA가 가느다란 띠로 풀어지므로 분석이 불가능하다.

　본 실험은 학교 실험실에서 직접 하기 어려운 핵형분석을 정상인과 유전병이 있는 사람의 염색체 모양을 주어주고, 이를 오려 핵형분석을 실시하는 모의실험을 통해 유전병을 찾아내는 것이다. 이러한 실험 방법은 학생들에게 과학자들이 실행하는 유전학적 접근 방법을 실제 경험하게 함으로써 과학적 탐구 방법을 익히고 생물학에 대한 흥미를 갖게 하며 과학탐구능력을 키우는 데 기여할 것이다.

2 실험 준비물

　가위, 풀, A4 용지, 핵형이 인쇄된 종이

3 방법 및 절차

　가. 핵형이 인쇄된 종이에서 상동염색체를 찾는다.
　나. 염색체를 가위를 사용하여 종이에서 오려낸다.
　다. 오려낸 상동염색체를 크기 순서로 나란히 배열한다.
　라. 풀을 사용하여 A4 용지 위에 상동염색체를 붙인다.

4 결과 및 고찰

실험 1 다음 그림은 어떤 사람의 염색체 모양을 나타낸 것이다. 핵형을 분석하고, 유전병을 조사해 보시오.

가. 위의 염색체를 가위로 오려 핵형을 분석해 보시오.

나. 위 사람은 여자인가? 남자인가? 그 이유를 설명해 보시오.

다. 위 사람은 정상인인가? 아니면 어떤 유전병이 있는지 조사하시오.

라. 유전병이라면 유전병이 나타날 수 있는 원인을 생식세포분열과정과 관련지어 설명하시오.

실험 2 다음 그림은 어떤 사람의 염색체 모양을 나타낸 것이다. 핵형을 분석하고, 유전병을 조사해 보시오.

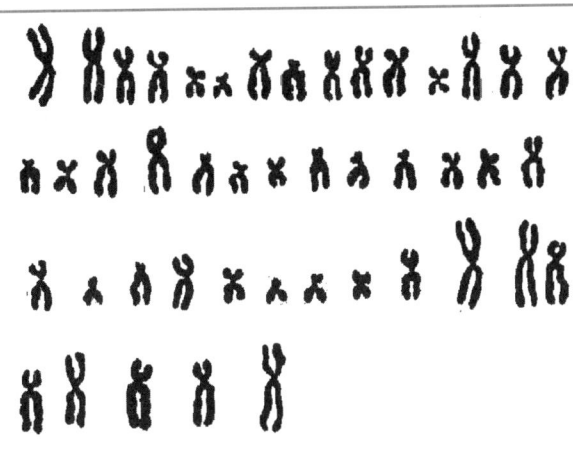

가. 위의 염색체를 가위로 오려 핵형을 분석해 보시오.

나. 위 사람은 여자인가? 남자인가? 그 이유를 설명해 보시오.

다. 위 사람은 정상인인가? 아니면 어떤 유전병이 있는지 조사하시오.

라. 유전병이라면 유전병이 나타날 수 있는 원인을 생식세포분열과정과 관련지어 설명하시오.

5 논의

가. 임산부의 양수를 채취하여 태아의 유전적 이상을 알아내기 위해서 사용되는 방법들에는 어떤 것들이 있는지 조사하시오.

나. 다음 표는 사람에게서 나타나는 염색체 수의 이상에 따른 증후군의 이름을 적은 것이다. 보기의 다운 증후군과 같이 각각의 증후군에 대하여 특징적인 형질과 염색체의 구성을 넣어 표를 완성하시오.

증후군	특징적인 형질	염색체 구성	성별
묘성 증후군			여
			남
다운 증후군	낮은지능, 주름이 있는 눈꺼플, 작은 키	45+XX	여
		45+XY	남
터너 증후군			여
클라인펠터 증후군			남
슈퍼 피메일(female)			여

다. 나의 각각의 증후군에 대하여 염색체 비분리 과정을 통하여 형성되는 과정을 조사해보고 토론하시오.

라. 주위에서 흔히 볼 수 있는 동물이나 식물들의 핵형을 조사해 보시오.

참고문헌
- 필수유전학, 2005년, 3판, 월사이언스, 양재섭외 역
- 생물실험, 2004년, 교육인적자원부
- Life : The Science of Biology, 7th, Sinauer Associates, Inc. Bill Purves et al.

실험 보고서

일 시	년 월 일 교시	실험 조	조
학 번		기 온	
실험제목			

8장 식물조직의 DNA 분리

1 실험 개요

- 염색체의 구조

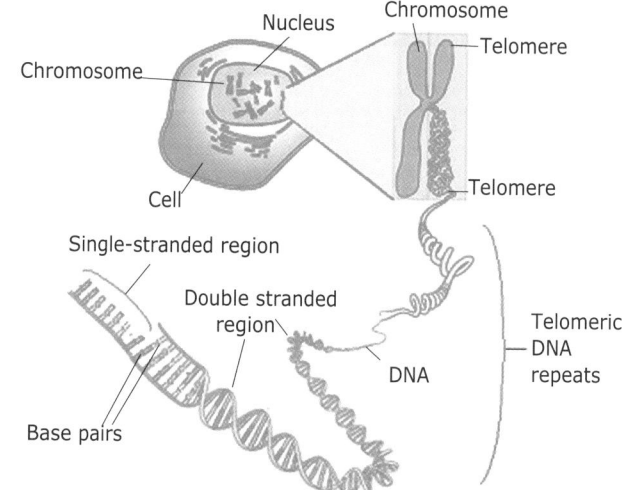

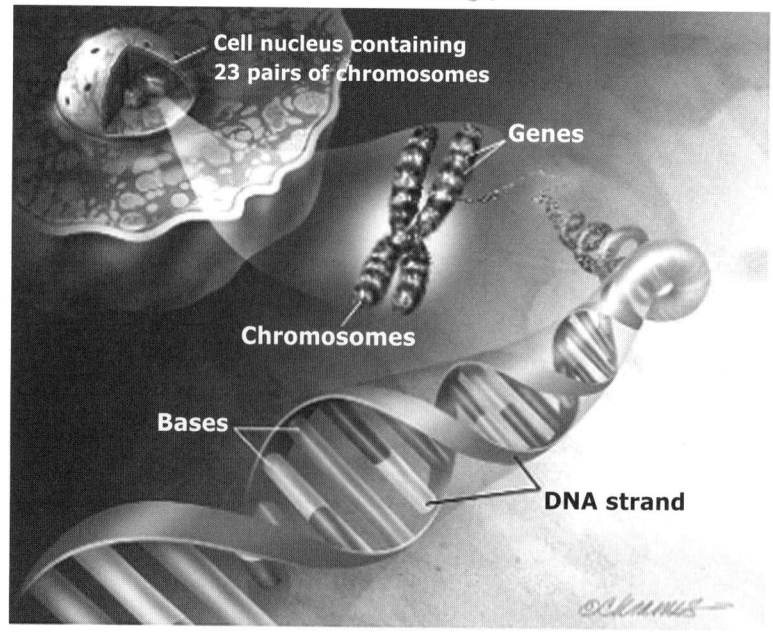

- 유전체(genome)
    1) 유전자(gene)와 염색체(chromosome)의 합성이다.
    2) 핵상이 n인 배우자 세포에 들어 있는 DNA 전체를 의미한다.
    3) 1916년 독일 식물학자 빙클러가 처음 사용하였다.
    4) 진핵생물의 경우, 핵 외에도 세포소기관인 미토콘드리아나 엽록체에도 별도의 genome이 존재한다.
    5) 인간 genome의 구성 : 22종류의 상염색체 + 2종류의 성염색체
- Genomic DNA(=chromosomal DNA) : 진핵생물의 경우 세포소기관을 제외한 핵에 존재하는 전체 DNA를 의미한다.
    원핵생물은 세포 안에 존재하는 단일 DNA가 해당된다.

2 실험 목적

가. Genomic DNA 분리과정을 이해하고, 여러 식물로부터 DNA를 분리해본다.
나. Kit를 구성하는 여러 용액들의 생화학적 기능을 알아본다.

3 재료 및 기구

식물 DNA 분리장치(dneasy plant mini kit), 원심분리기(microcentrifuge), 가열기(heating block), 혼합기(vortex mixer), 마이크로피펫과 팁 (micropipette & tip), 흡습제(silica-gel), 실험용모래(sea sand), 막자사발, EP tube (1.5 ml tube)

4 실험 방법

- 실험 시작 전, 준비사항 – 37℃로 water bath나 65℃로 heating block을 미리 맞춰 둔다.
    가. 시료 준비 : 직경 1.5 cm 정도의 어린 잎 채취 봉투에 실리카겔과 함께 밀봉(3일) 잘 건조된 잎을 sea sand와 함께 막자 사발에서 갈아준다. 곱게 간 시료를 1.5 ml tube 에 담는다.
    나. 세포 융해 : 600 ㎕ nuclei Lysis solution를 첨가하고, vortex를 이용하여 잘 섞어준다

Tube를 65℃에 10분간 둔다 3 ㎕ RNAase solution를 첨가하고, inverting (5회)하여 섞은 후, 37℃에 15분간 둔다 → 5분간 실온에서 cooling → 200 ㎕ protein precipitation solution를 첨가 하고, 고속으로 20초간 vortexing → 세포막, 핵막 등을 파괴, RNA 분해, 단백질 등 침전

다. 12,000 rpm으로 3분간 원심 분리 → 부유물과 침전물을 제거

라. DNA가 포함된 상층액을 600 ㎕ isopropanol이 담긴 1.5 ml tube에 옮긴 뒤 실가닥 같은 DNA가 보일 때까지 부드럽게 inverting → DNA 와 isopropanol 결합

마. 12,000 rpm으로 1분간 원심분리 → DNA 침전

바. DNA washing : 600 ㎕ 70% ethanol를 첨가하여 inverting 후, 12,000 rpm 으로 1분간 원심 분리한 후, pipette으로 에탄올을 제거하여 뒤집어 15분간 말린다.

사. DNA elution : 100 ㎕ DNA rehydration solution를 첨가하여 냉동 보관 (4℃) 한다.

5 결과 및 고찰

가. 동물(blood cell)의 genomic DNA 추출 방법을 설명하고, 식물의 genomic DNA 분리와는 어떠한 점이 다른지 설명하시오.

나. 분리된 genomic DNA는 아래의 다양한 실험에 이용될 수 있다. 각각의 실험들에 대하여 간략히 조사하시오.
   a. PCR(polymerase chain reaction)

   b. RFLP(restriction fragment length polymorphism) analysis

   c. RAPD(random amplified polymorphic DNA) analysis

   d. AFLP(amplified fragment length polymorphism) analysis

실험 보고서

일 시	년 월 일 교시	실험 조	조
학 번		기 온	
실험제목			

9장 PCR

1 실험 개요

PCR(polymerase chain reaction:중합효소연쇄반응)이란 특정 DNA 부위를 특이적으로 반복 합성하여 시험관내에서 원하는 DNA 분자를 증폭시키는 방법으로, 아주 적은 양의 DNA를 이용하여 많은 양의 DNA 합성이 가능하다. PCR 방법은 연구대상 DNA 조각을 증폭하기 위해 프라이머, DNA 중합효소, 생물체로부터 추출한 주형 DNA 그리고 4 종류의 유리 뉴클레오티드 단량체를 섞은 후 이 혼합물을 정확한 온도주기에서 반응 시키는 것이다.

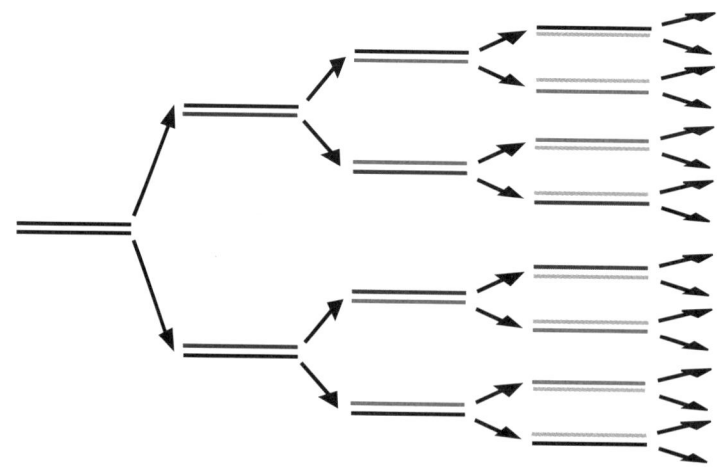

PCR단계는 다음과 같다.

- 1단계 DNA 변성단계

  DNA를 90~96°C 로 가열하여 이중 가닥을 단일 가닥으로 분리시킨다. 높은 온도일 수록 잘 분리 되지만 Taq polymerase도 활성이 낮아질 수 있으므로 보통 94°C 로 맞춘다. 그리고 확실한 변성을 위해 약 5분 정도 분리시키는 것이 좋다.

- 2단계 프라이머(DNA 복제 유도하는 시발물질) 결합단계

    50~60°C 에서 진행된다. 염기간의 결합은 G와C는 세 군데에서 수소 결합 이 일어나고, A와 T는 두 군데에서 일어나므로 G+C 비율에 따라 결합온도를 변화시켜 주는 것이 좋다. 사실은 프라이머를 만드는 것도 DNA풀림 온도를 고려하여 합성해야 한다. 일반적으로 G와 C의 함량이 50%가 되는 것이 좋다. (G,C가 50%로면 A,T는 자동으로 50%)

- 3단계 DNA의 합성단계

    70~74°C에서 시행하며 원하는 PCR 산물의 크기가 크거나 반응 효소의 농도가 낮을 때에는 시간을 연장 시킬 수도 있다.

    온도만 조정해 주면 DNA중합효소가 알아서 DNA를 합성한다. 극한효소는 보통 1분에 2000~4000 뉴클레오티드(염기+인산+당)를 합성 할 수 있으므로 원하는 PCR 산물의 크기1 KB 마다 1분정도의 시간을 배당하면 충분히 반응이 일어난다. 반응이 계속되면서 효소의 활성이 감소 할 수 있고 DNA의 산물이 더 많아 지게 되므로 반응 후반부에는 반응시간을 조금씩 늘리는 것도 좋은 방법이다. 마지막 반응에는 약 10분정도의 시간을 충분이 주어서 효소의 활성이 충분이 발휘되도록 해야한다.

PCR을 사용한 DNA검사의 종류는 형사와 민사소송, 실종인물의 수색과 친자관계와 같은 유전적 관계의 조사, 법의학 진단, 동식물의 유전적 다양성과 진화관계 등 다양하다.

본 실험에서는 애기장대 줄기세포 돌연변이 중 SNP에 의한 복잡한 유전적 특질로 다면발현하는 종류를 대상으로 PCR을 사용하여 유전형을 결정한다.

2 실험기구 및 재료

가. PCR mixture

주형 DNA 가닥, 프라이머 (상부 및 하부 각각 1~10 pmole/μl 1), 10 X PCR buffer, 2.5 mM dNTP (dCTP, dATP, dGTP, dTTP), Taq 폴리머 레이즈, 증류수, $MgCl_2$

나. PCR 도구

Thermer cycler, micropipette, ependorf tube, ice marker, ice box, centrifuge

3 실험 방법

가. 이중가닥 DNA와 더불어 시작한다.

나. DNA는 90~94℃ 로 가열되어 단일가닥으로 풀어진다. 형성된 단일가닥 DNA 합성의 주형으로 사용된다.

다. DNA 가닥의 말단과 염기쌍 결합을 하도록 디자인된 프라이머를 DNA와 섞는다.

라. 반응혼합물의 온도를 식힌다. 낮은 온도는 프라이머와 DNA 가닥 말단사이의 염기쌍 결합을 촉진한다.

마. DNA 중합효소는 프라이머를 중합반응 시작표지로 인식한다. 이 효소는 DNA 가닥을 주형으로 상보적인 DNA 가닥을 합성한다. 이를 통해 동일한 DNA 조각의 수가 두 배 증가한다.

바. 반응혼합물은 다시 가열된다. 높은 온도는 모든 이중가닥의 DNA 조각의 수가 두 배 증가한다.

사. 반응혼합물을 식힌다. 낮은 온도는 반응혼합물에 첨가된 프라이머와 단일가닥 DNA 사이의 염기쌍 결합을 촉진한다.

아. DNA 중합효소의 작용으로 다시 동일한 DNA 조각의 수가 두 배가 된다.

자. 위의 기록된 반응 순서가 반복된다. 모든 순서가 한번 반복될 때 마다 2배의 DNA로 증가된다.

4 결과 관찰 및 토의

SNP를 PCR을 통해 확인한 결과 아래 같이 나왔다면 무슨 의미가 있는지 토론해 보자.

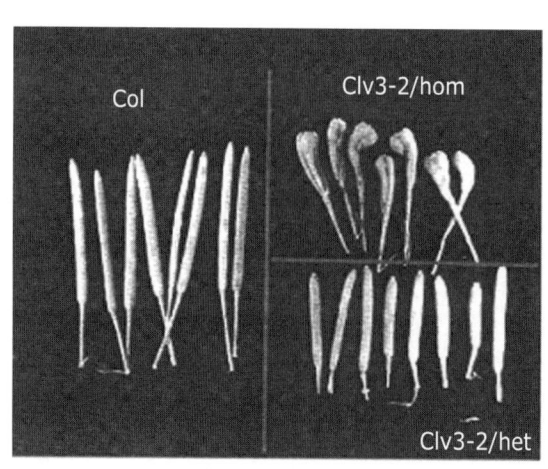
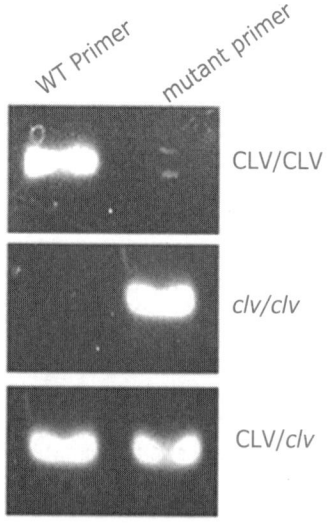

실험 보고서

일 시	년 월 일 교시	실험조	조
학 번		기 온	
실험제목			

10장 전기영동

1 실험 개요

유전자의 구조와 기능을 분자 수준에서 규명하기 위해서는 유전자 물질인 DNA를 세포로부터 순수 분리하여 그 크기와 구조를 정확하게 분석해야 한다. 이렇게 DNA를 순수 분리하고 그 크기와 구조를 분석하는데 필요한 실험 방법이 전기영동이다. 전기 영동은 특히 유전자 재조합 기술에 의해 특정 유전자를 클로닝 할 때 제한 효소로 절단한 DNA 조각들의 분리와 크기 결정 등에도 필수적인 실험 방법이다. 이 실험에서 전기영동의 원리를 알아보고, DNA의 아가로스 겔 전기영동을 통해 DNA의 크기를 분석 해 보자.

아가로스 겔 전기영동은 DNA, RNA, 단백질과 같은 거대 분자들을 그 크기와 전기적인 특성에 따라 분리할 수 있는 가장 기본적인 분자 생물학 실험 방법이다. 이런 분자들이 전류가 흐르고 있는 아가로스 겔 속에 있으면 전기적으로 반대인 전극 쪽으로 이동하게 된다. 그리고 전기영동은 유전자 재조합, 유전자 지문, PCR 등 매우 다야한 분야의 실험에서 필수적으로 이용되고 있는 기술이다.

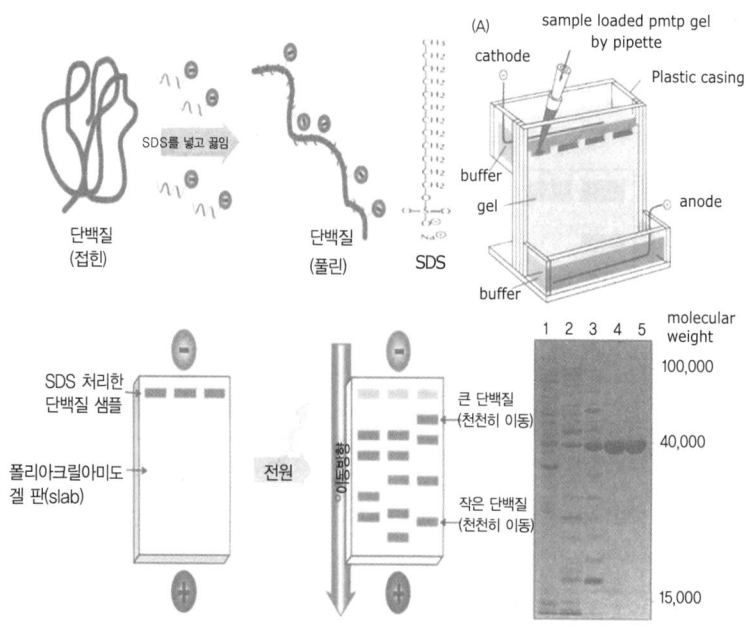

2 실험 준비물

기구 : 직류전원장치, 전기영동장치, 전자레인지, 전자저울, **UV trans-illuminator**

재료 : PCR로 얻은 DNA, 전기영동 완충용액(**TAE buffer**), 마이크로 피펫, 팁, 일회용 실험 장갑, 유성 펜, 삼각 플라스크, DNA 사이즈 마커, 아가로스, 증류수, 6X 로딩염료(50% 글리세롤, 0.25% 브로모 페놀블루), 에티디움브로마이드용액

3 방법 및 절차

가. 250 ml의 삼각자 플라스크에 전기영동 완충 용액 50 ml과 아가로스 0.5 g을 넣고 섞은 다음, 알루미늄 호일로 입구를 막고 아가로스가 완전히 녹을 때까지 끓인다.

나. 아가로스를 끓인 용액을 65℃까지 식힌 다음, 콤이 중앙에 설치된 겔형성 장치에 천천히 붓는다.

다. 전기영동 장치 안에 겔을 설치하고, 겔을 약간 덮을 정도로 전기영동 완충 용액을 채운다.

라. 아가로오스 겔이 완전히 굳으면 겔이 든 보트를 전기영동 완충 용액으로 채워진 전기영동 장치 안에 살며시 내려놓는다.

마. 파라필름을 준비하고 6X 로딩 염색액을 한 방울 떨어뜨린다.

바. PCR을 수행한 튜브에서 DNA가 든 용액의 적절한 양을 덜어 내어 로딩 염색액과 잘 섞어 준다.

사. 마이크로피펫으로 섞은 로딩 염색액과 DNA 혼합액을 겔 중앙에 만들어진 홈에 하나씩 넣는 다. 바깥으로 흘리지 않도록 조심스럽게 로딩한다.

아. 직류 전원 장치를 전기영동 장치와 연결시키고, 각각의 염료가 중앙의 홈으로부터 충분히 멀어질 때까지 5 V/cm(양 전극 사이의 거리)의 전압에서 전기영동을 실시한다.

자. 전원을 끄고 겔은 형광 염색시약인 에티디움 브로마이드용액에 넣어 10분간염색한 후 UV 빛 하에서 DNA를 관찰한다.

차. DNA 밴드를 비교하기 위하여 DNA 사진을 찍어둔다.

4 결과 및 논의

가. DNA와 로딩 염색약 혼합액을 겔 홈에 투입하였을 때 DNA가 전기영동 버퍼로 흘러나오지 않고 홈에 남아 있는 이유는 무엇인지 생각해 보자.

나. 분자량이 같은 슈퍼코일 DNA와 실선 DNA의 전기장에서의 이동속도는 같은가 다른가? 만약에 다르다면 왜 다른지 생각해 보자.

다. EtBr은 어떻게 DNA와 결합하여 UV하에서 형광을 발생시키는지 조사해 보자.

실험 보고서

일 시	년 월 일 교시	실험 조	조
학 번		기 온	
실험제목			

11장 식물 핵 DNA의 제한절편 길이 다형성

1 실험 개요

발견 : 1980년 **Bostein** 등이 제한 효소의 가계지도를 작성하던 중 처음으로 발견하였다. 염기쌍에 일어난 점 돌연변이에 의해 제한효소의 절단부위가 달라지게 되는데 이러한 특성이 감식에 이용될 수 있다. 즉, 새로운 절단인식부위가 나타나거나 기존의 절단인식부위가 사라짐으로써 패턴이 달라지게 된다.

제한효소(Restriction enzyme): 비교적 순수한 DNA가 얻어지면 '제한효소(restriction enzyme)'로 불리는 DNA 절단 효소를 이용하여 원하는 유전자 부위를 절단한다. 이 제한효소는 대칭적인 염기서열을 지닌 특정 염기 서열을 인식하여 절단한다. 이 제한 효소는 외부 DNA를 분해하며 자신의 DNA는 분해하지 않는 특이성(-CH$_3$, **methylation**으로 보호)을 나타낸다. 흔히 사용되는 제한효소만도 수십 개에 이른다.

ex)　　　　　*Eco* RI　　　　　　　　　　　　*Hind* III

```
5'----G A A T T C----3'              A ▼ A G C T T
3'----C T T A A G----5'              T T C G A ▲ A
```

- 제한효소(restriction enzyme)

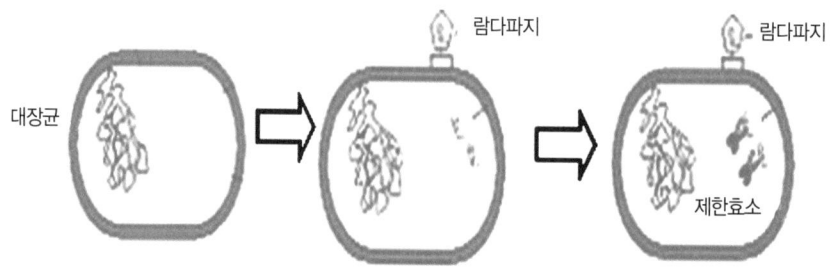

- 원래 제한효소는 세균이 자신의 세포 내로 침입해 들어오는 바이러스와 같은 외부 DNA를 제거하기 위한 방어기전이다.
- 세균 내 자신의 DNA는 절단 부위의 염기(adenine, cytosine)를 메칠화시켜서 자신의 제한효소가 자신의 DNA를 자를 수 없게 보호한다.

• 다형성(polymorphism)이란?
- 식물, 동물 등의 개체마다 또는 동일 개체 사이에 유전자 염기 서열이 달라 제한효소로 잘랐을 때 생기는 DNA 절편의 수와 길이가 다양하게 나타나는 것이다.
- 동물, 식물 사이에는 80% 이상의 유전자가 유사하다.
- 사람 사이에 유전자는 1-0.1%만이 다르다.
- 게놈 내 유전자의 비암호화 부위에 일어나는 단일 염기쌍의 점 돌연변이의 계속적인 축적이다.
- 암호화 부위의 점 돌연변이는 다형성을 형성한다(유전병 진단 등).

• 제한절편 길이 다형성(RFLP) 실험 과정

식물체 핵 내 DNA 추출 → 제한효소에 의한 DNA 절단 → 전기영동을 통한 제한절편 길이 다형성 확인 및 비교

2 실험 목적

가. 제한 효소의 기능과 제한 절편 길이의 다형성이 생기는 원인을 이해한다.
나. 두 종의 식물의 DNA에 제한 효소를 처리하여 얻어진 제한절편 길이의 다형성양상을 비교한다.

3 재료 및 기구

식물 잎에서 추출한 핵 내 DNA, 자외선-가시광선 분광광도계, 소형 원심분리기, *Eco* R I / *Hind* III(제한효소)와 반응용액, 37℃ incubator, 마이크로 피펫과 팁, 멸균증류수, 소형튜브(1.5ml)

4 실험 방법

가. 추출한 식물 핵 내 DNA를 냉동실에서 꺼내 상온에 둔다.
나. 자외선-가시광선 분광광도계(260 ㎚)를 이용하여 DNA 양을 계산한다.

다. 제한효소 *Eco* R I /*Hind* III와 적당량의 DNA를 섞어준다.

DNA	5 μg
제한효소 (12 units/μl)	1 μl
반응용액	2 μl
멸균증류수	x μl
Total	20 μl

라. 37℃ incubator에서 2시간 반응시킨다.

- 제한효소 1 unit는 1 μg의 DNA를 최적 온도에서 한 시간에 절단할 수 있는 양이다. 상품화된 효소는 효소마다 다르지만 대개 10 units/μl 내외의 농도로 공급된다.

5 결과 및 고찰

가. 실험방법 3에서 처리해야 할 DNA 와 증류수는 μl 인가?

나. 식물에 따라 제한절편 길이의 다형성에 차이가 있는가, 있다면 어떻게 다른가?

다. 제한절편 길이의 다형성이 생기는 이유는 무엇인가?

라. 제한절편 길이의 다형성이 응용되고 있는 분야를 설명하시오.

실 험 보 고 서

일 시	년 월 일 교시	실험 조	조
학 번		기 온	
실험제목			

12장 대장균의 형질전환 (transformation)

1 실험 목적

박테리아(대장균)의 항생제에 대한 유전형질을 플라스미드(plasmid)를 이용한 유전자 도입방법으로 전환 시키고 형질 전환된 박테리아를 선택하는 과정 등을 이해한다.

2 실험 원리

형질전환은 외부 DNA를 받아들인 결과 한 생물체의 형질이 바뀌는 것을 의미한다. 예를 들어 암피실린(ampicillin) 항생제 저항 유전자가 포함되어 있는 플라스미드가 대장균 내에 존재할 경우 그 대장균은 암피실린 항생제에 대하여 저항성을 갖게 된다. 형질전환이 일어나는 효율은 매우 낮기 때문에 수많은 대장균 중에서 극히 일부만이 플라스미드를 갖게 된다. 플라스미드가 갖고 있는 선발 마커(selectable marker)를 이용하면 형질전환이 성공적으로 일어난 대장균을 쉽게 구분할 수 있다. 일반적으로 플라스미드에 포함된 선발마커는 암피실린(ampicilline), 테트라사이클린(tetracycline) 또는 카나마이신(kanamycin) 등에 대한 저항성을 갖는 항생제 저항성 유전자들이다. 형질전환 실험 과정을 거친 후 대장균을 항생제가 포함된 배지에서 배양하면 형질전환이 성공적으로 일어난 세균만을 구할 수 있다. 즉, 형질전환이 일어나지 않은 세균은 죽게 되고 형질전환이 일어난 세균만이 성장하여 콜로니를 형성한다. 참고로 진핵 세포의 경우 외부 DNA를 세포 내로 주입할 때 형질전환 대신 transfection 이라는 용어를 사용한다.

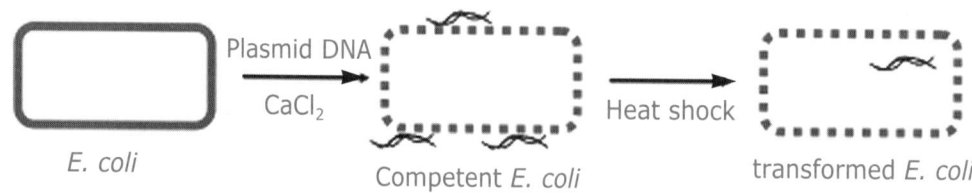

Mandel과 hige에 의한 대장균의 형질전환법의 확립은 재조합 DNA 실험의 중요한 기초가 되었다. 대장균을 calcium chloride, manganase chloride, hexamminecobalt chloride, dimethyl sulfoxide (DMSO) 등 여러 화학 처리에 의해 외래 DNA (plasmid, phage 등)를 세포 안으로 도입할 수 있는 "competent"상태로 되고, 이 상태의 세포를 competent cell이라 한다. 이때 열 충격(heat shock)을 가하면 plasmid 가 대장균 안으로 들어가는 효율을 증가시킬 수 있다

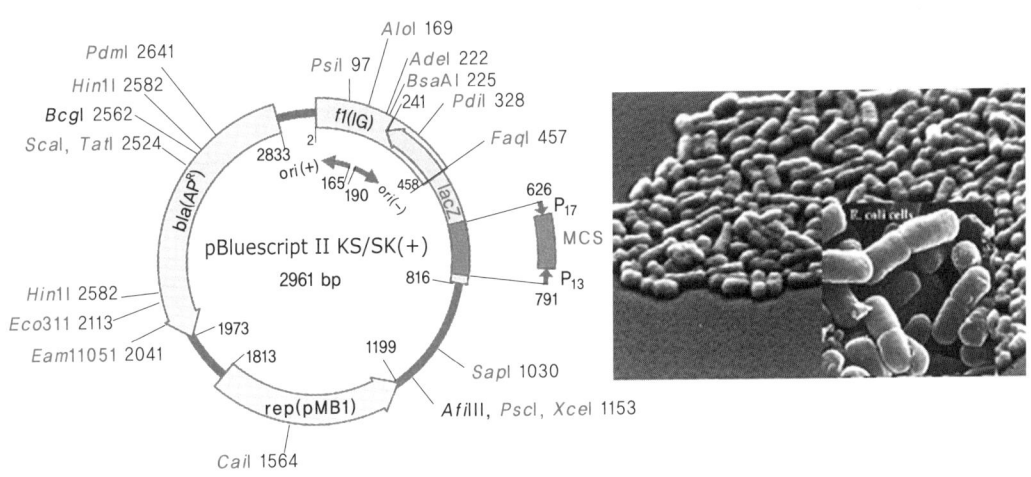

일반적으로 대장균 형질전환에 사용하는 plasmid는 아래 그림에서 볼 수 있듯이 크게 복제 개시점(replication origin), 항생제 저항성 유전자(antibiotics resistance gene)와 multiple cloning site (MCS) 세 부분으로 구성되어 있다. 이들의 특성에 대해 살펴보자.

- Replication origin

이 부분은 plasmid가 자가복제할 때 처음 인식하는 부위이므로 모든 plasmid에 꼭 필요한 부분이다. 그림에서 보이는 ColE1라고 씌여진 부분입니다. 경우에 따라서 bacteriophage의 origin을 삽입해 놓으면 이 plasmid가 때로는 bacteriophage처럼 행동하기도 한다. 이 bacteriophage의 장점은 life cycle 중에서 single stranded DNA로 존재할 때가 있다는 것인데, 이런 성질이 유용할 때가 있습니다. 어느 쪽 strand가 single strand 상태로 존재하는가에 따라 f1(+) 혹은 f1(-) origin을 이용합니다. 또한 agrobacterium과 같은 다른 박테리아의 origin을 동시에 도입하여 여러 박테리아에서 DNA 복제가 가능하게 하기도 한다.

- Antibiotics resistance gene

  이것은 항생제에 내성을 나타내는 유전자이다. 대개는 ampicillin resistance gene이 들어 있는데, 이 경우 여기서 나오는 단백질은 ampicilline을 분해하는 beta-lactamase 효소이다. 때로는 kanamycin resistance gene을 쓰기도 하고, eukaryote expression vector에는 주로 neomycin resistance gene을 이용한다.

- Multiple cloning site(MCS)

  이 부위는 제한효소로 잘릴 수 있는 부위를 인위적으로 한꺼번에 모아놓은 부분이다. 제한효소로 잘라서 다른 DNA를 삽입시킬 때 위에서 이와 같이 다양한 제한효소 자리를 만들어 놓음으로써 유전자 재조합이 용이하게 이루어 질 수 있도록 하는 것이다. 이 MCS 부위는 길어야 100 - 150 bp 정도이며 앞 뒤 부분에 SP6, T3, T7 promoter 등이 붙어있게 된다. 이런 부위는 RNA를 시험관에서 만들거나 단백질 발현을 시킬 때, 그리고 DNA sequencing 같은 실험을 할 때 쓰이는 부위이다.

3 실험 재료

대장균(*Escheritia coli* XL1-Blue), pUC18 plasmid DNA, 0.1 M $CaCl_2$, LB 액체/고체 배지, 항생제(ampicilline, 50 mg/ml), 얼음, 원심분리 tube, 37 및 42°C 배양기.

4 실험 방법

가. LB plate에 자란 XL1-Blue colony를 LB 배지 2 ml에 접종한 후 밤새 키운다.

나. 위에서 키운 배양액 1 ml을 100 ml LB 배지가 담긴 플라스크에 넣고 O.D.600이 0.4-0.6가 될 때까지 37°C shaking incubator에서 키운다.

다. 배양액을 50 ml conical tube에 넣고 얼음에 10분간 놓아둔다.

라. 4°C에서 8,000 rpm으로 5분간 원심분리한다.

마. 상층액을 완전히 제거한 후 미리 차게 해 둔 0.1 M filtered $CaCl_2$ 용액을 원래의 1/2 부피로 넣고 부유시킨다.

바. 얼음에 15분 놓아두었다가 다시 4°C에서 3,000~4,000 rpm으로 10분간 원심분리한다.

사. 상층액을 버리고 처음의 1/10 부피의 0.1 M filtered $CaCl_2$ 용액으로 부유시킨다(장기간 보관

하고자 할 때는 15% **glycerol**이 포함된 0.1 M iltered $CaCl_2$ 용액으로 부유 한 후 **microfuge tube**에 200 ㎕씩 분주하고, 사용할 때까지 **deep freezer**에 보관).

아. **Competent cell** 200 ㎕와 DNA(0, 1, 10, 100 ng)를 섞어서 얼음에 20분 둔다.

자. 이어 42°C에서 90초간 **heat shock**을 준 다음 다시 얼음에 1분간 둔다.

차. LB 액체 배지 1 ml을 첨가한 후 37°C 배양기에서 0.5-1시간 배양한다.

Spreading

카. 항생제가 포함된 고체 배지에 아래그림과 같이 깔고 37°C 배양기에서 하루 밤 배양한다.

5 결과 및 고찰

가. DNA양에 따른 형질전환된 대장균의 수는 얼마인가?

나. $CaCl_2$ 방법에 의한 대장균 형질전환의 원리에 대해 논의 하시오.

다. **Plasmid**가 필요로 하는 3가지 요소에 대해 논의 하시오.

라. 항생제가 대장균 성장 억제에 작용하는 기작과 형질전환 대장균이 항생제에 저항성을 나타내는 이유에 대해 논의 하시오.

실험 보고서

일 시	년 월 일 교시	실험 조	조
학 번		기 온	
실험제목			

13장 원생 생물의 관찰

1 실험 개요

 원생생물들은 다양한 생물집단이 모여 이루어진 계(kingdom protista)이므로 진화적 다양성이 크게 나타난다. 일부의 원생생물은 다른 생물을 섭취하고(종속영양) 또 다른 일부는 광합성을 하거나 (독립영양) 균류와 비슷한 영양방식으로 살아간다. 물이 존재하는 거의 모든 곳(해수, 담수, 진흙, 땅속 등)에서 발견되며 때로는 극한 환경(화산근처, 극지방 등)에서 발견되기도 한다. 일부는 다른 생물에 기생하는 것도 있다. 크기 또한 다양하여 1 μm에서 1 cm에 이르는 종류까지 있다. 원생생물을 크게 나누면 원생생물, 식물성 원생생물, 조류, 균류 원생생물 등으로 구분된다. 원생생물은 다시 식물성 편모충류, 동물성 편모충류, 포자충류, 섬모충류 등으로 나뉜다.
 원생생물 중 가장 잘 알려진 것 중의 하나인 아메바와 짚신벌레(또는 유글레나)를 직접관찰하면서 세포 운동인 위족운동 및 섬모(또는 편모운동), 세포기관인 핵, 그리고 삼투압 조절기관인 수축포 등의 특징에 관하여 살펴보기로 한다.

2 실험 준비물

아메바(amoeba proteus), 짚신벌레(paramesium) 또는 유글레나(euglena), 광학현미경, 슬라이드글라스, 커버글라스, 마이크로파이펫, 거름종이

3 방법 및 절차

실험 1 아메바의 관찰
 가. 깨끗한 슬라이드글라스를 준비한다.
 나. 커버글라스를 반으로 조심스럽게 깨트린 다음 슬라이드글라스 위에 놓는다. 이때 반쪽짜리 커버글라스의 간격은 커버글라스의 크기보다 약간 좁게 놓는다.
 다. 해부현미경으로 아메바를 관찰하면서 마이크로파이펫으로 아메바를 포집한다.

라. 아메바가 들어있는 용액을 슬라이드글라스 위의 커버글라스 사이에 떨어뜨린다.
마. 커버글라스의 양 끝이 슬라이드글라스위에 있는 커버글라스에 걸쳐지도록 조심스럽게 놓는다.
바. 여분의 용액은 거름종이로 제거한다.
사. 저배율(x10)에서 고배율(x40)로 아메바의 운동과 세포기관 등을 관찰한다.
아. 관찰을 한 후, 거름종이로 용액을 한쪽 끝에서 흡수한다.
자. 세포를 터트린 후 핵과 수축포 등을 다시 관찰한다.

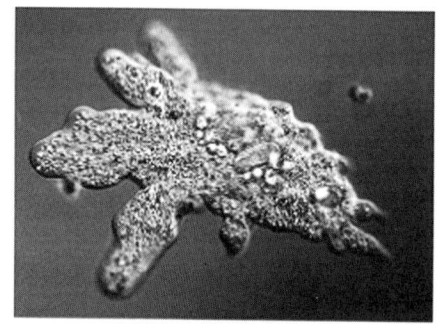
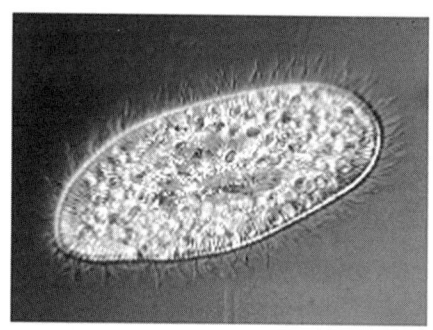
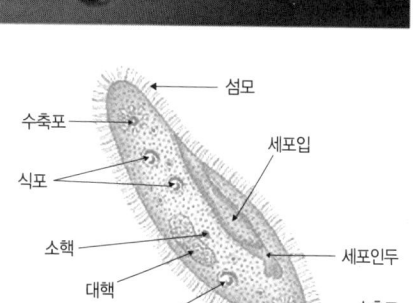
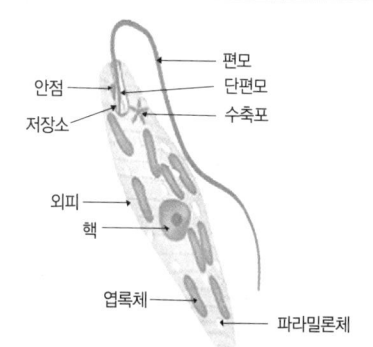

실험 2 짚신벌레(유글레나)의 관찰

가. 깨끗한 슬라이드글라스를 준비한다.
나. 메틸셀룰로오즈로 슬라이드글라스 위에 적절한 크기의 원을 그린다.
다. 짚신벌레를 관찰하면서 마이크로파이펫으로 짚신벌레를 포집한다.
라. 짚신벌레가 들어있는 용액을 슬라이드글라스 위의 메틸셀룰로오즈 원 가운데 떨어뜨린다. 이 때 용액의 높이는 메틸셀룰로오즈 원의 높이를 넘지 않도록 한다.
마. 커버글라스를 메틸셀룰로오즈 원 위에 조심스럽게 놓아 짚신벌레가 들어있는 용액과 원을 그린 메틸셀룰로오즈 용액이 서로 섞이도록 한다.
바. 저배율(x10)에서 고배율(x40)로 짚신벌레의 섬모운동과 세포기관 등을 관찰한다.

4 결과 및 고찰

가. 위족을 통한 세포질의 운동은 어떠하였는지 이야기해 보시오.

나. 관찰한 아메바의 핵에서 본 것을 이야기 해 보시오.

다. 아메바의 수축포가 분당 수축하는 회수는 얼마나 되었는지 조사한 것을 발표해 보시오.

라. 관찰한 섬모운동(또는 편모운동)의 형태를 그려 보시오.

마. 짚신벌레(또는 유글레나)에서 관찰한 세포소기관을 그려 보시오.

5 논의

가. 아메바와 같은 위족운동, 짚신벌레와 같이 섬모운동(유글레나: 편모운동)을 하는 다른 원생생물의 종류를 조사해 보시오.

나. 사람에서 위와 같이 위족운동 또는 섬모운동(편모운동)을 하는 세포나 기관을 조사해 발표해 보시오.

다. 실험에서 관찰한 위족운동이나 섬모운동(또는 편모운동)외에 생물의 운동에는 어떤 것이 있는지 조사해 보시오.

라. 섬모와 편모의 구조를 비교하시오.

마. 섬모운동이나 편모운동의 원리를 설명하시오.

참고문헌
- 분자생물학, 2007년, 3판, 라이프사이언스, 이명석 역
- 생물실험, 2004년, 교육인적자원부
- Life:The Science of Biology, 2004, 7th, Sinauer Associates, Inc. Bill Purves et al.

실험 보고서

일 시	년 월 일 교시	실험조	조
학 번		기 온	
실험제목			

14장 항생제 감수성

1 실험의 개요

가. 실험 목적

항생제를 이용하여 원판 확산법 실험을 해봄으로써 특정 세균에 대한 항생제 감수성을 이해한다. 임상 실험에서 환자의 검체로부터 질병의 원인균을 검출하여 세균 동정과 동시에 항균제 감수성 검사를 하여 감염증 치료에 필요한 항생제를 선택하기도 한다.

나. 항생제란 무엇인가?

미생물이 생산하는 대사산물로서 소량으로 다른 미생물의 발육을 억제하거나 사멸시키는 물질(항생물질)을 추출, 정제 가공하여 특정 병원체를 정균 또는 살균하도록 만든 제재를 의미한다.

- 항생물질의 정균작용과 살균작용
  1) 정균작용 : 살균작용없이 세균의 번식 억제 (tetracycline계, chlorampenicol계, macrolide계)
  2) 살균작용 : penicillin계(carbenicillin 카베니실린), cephalosporin 계, aminoglycoside계

다. 항생제의 작용기전

작용방법	나타나는 효과	항생제 종류
세포벽 합성 억제	transpeptidase를 저해하여 펩티도글리칸의 cross-limking 억제	페니실린(penicillin) 세팔로스포린(cephalosporin)
단백질 합성 장애	mRNA의 misreading을 일이킴	아미노글리코시드(aminoglycoside)
단백질 합성 억제	peptidyl transferase억제 aminoacyl tRNA결합억제	클로람페니콜(chloramphenicol) 테트라사이클린(tetracycline)
핵산 합성 억제	DNA 의존성 RNA polymerase억제	리파마이신(rifamycin)
대사 억제	엽산 합성 억제	설포나마이드(sulfonamide) 트리메토프림(trimethoprim)

라. 항생제의 종류

1) Aminoglycoside계 (아미노글리코사이드)
   - 세균의 단백 합성에서 기능성이 없는 단백질을 합성하도록 유도하여 항산성균, 포도상구균, 그람음성균에 대하여 살균작용을 나타낸다.
   - 특히, 그람음성장내세균에 의한 질병 중 특히 균혈증, 패혈증, 심내막염등에 가장 널리 쓰이는 살균성 항생제이다.
   - 그러나, 부작용(신독성,이독성,중추신경계)이 많아 대체물질이 (페니실린) 등장했다.

2) Tetracycline계 (테트라사이클린)

   〈 광범위 항생제(broad spectrum)〉
   - 미생물의 리보솜에서 t-RNA의 전사를 방해하여 단백질을 억제함으로써 항균작용을 나타내나 고농도에서는 살균작용을 나타낸다.
   - Tetracycline는 광범위한 항생물질로서 많은 그람양성균, 그람음성균, 혐기성균에 대해 감수성을 나타내는 정균성 항생제이다.

3) Polypeptide계 (폴리펩타이드)
   - Polymyxin B(폴리마진, 콜리스틴), bacitracin(바시트라신)
   - 인체의 세포막에 작용하여 전신에 투여했을 때 신장 독성을 나타내므로 거의 사용하지 않지만 국소 투여용으로 사용한다.

4) Lincosamide계 (린코사마이드)
   - 그람양성균, 혐기성균, 마이코플라즈마 등에 강력한 살균작용을 한다.
   - 세균성 소화기 질병 예방치료에 효과적이다.

5) Sulfonamide계(설폰아마이드)
   - 그람양성, 음성균에 모두 작용한다.
   - 원충류에 의한 중추신경계,비뇨기계,위장관계 질병에 정균 작용한다.

6) Fluoroquinolone계 (플로르퀴놀론)
   - 체내에 장시간 작용하는 약물이다.
   - 적은 독성 과 넓은 항균범위로 임상에 많이 쓰인다.
   - 비뇨기계, 호흡기계 질병에 적용된다.

마. 원판 확산법

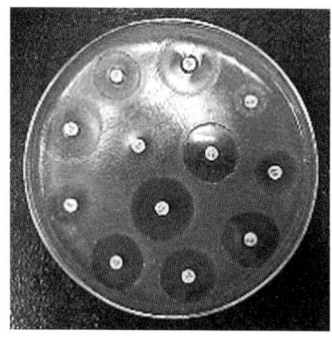

- 세균이 자란 한천배지에 항생제를 함유한 원판(disk)을 올려 놓으면 항생제가 원형으로 한천배지에 퍼져 항생제 농도기울기를 이루게 된다.
- 항생제가 생장을 억제하면 원판 주위에 둥글게 투명대가 생기고 그 크기가 크면 병원균이 민감한 것이다.
- 그 항생제에 민감하지 않은 미생물은 원판에서 가까운 곳의 고농도의 항생제에만 영향을 받고, 그 항생제에 민감한 미생물은 원판에서 먼 저농도의 항생제에도 영향을 받는다.

2 준비물

페트리디쉬, LB한천 배지, *E.coli*, spreader, 디스크, 핀셋, 알코올 램프
테트라싸이클린(30 ㎍/ml), 카베니실린(100 ㎍/ml)

3 실험 방법

가. 배양된 균액을 연속 희석 후에 배지에 취한다.
   Serial dilution(연속 희석)

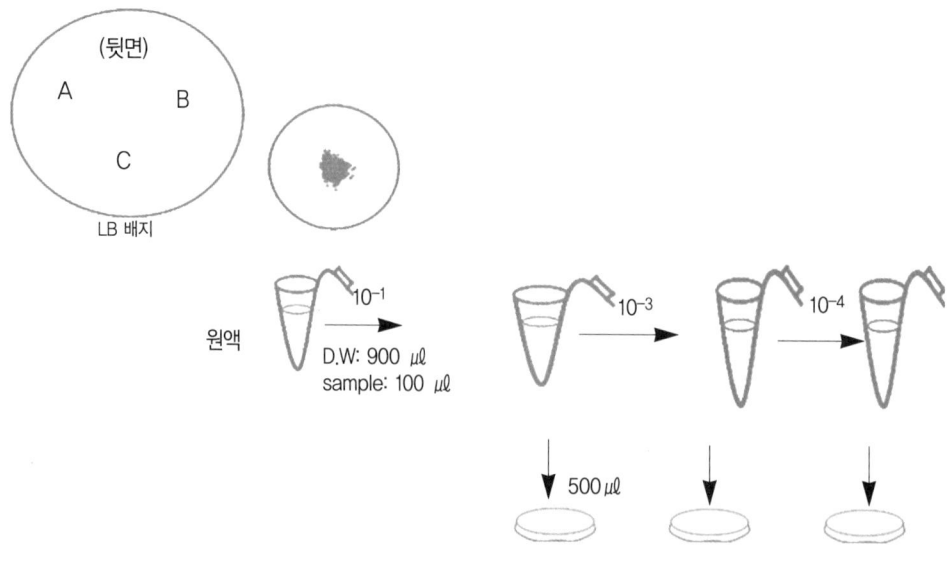

나. spreader를 이용하여 spreading(도말) 한다.

다. 페트리디쉬의 뚜껑을 덮고 3~5분간 방치하여 표면의 습기가 흡수되도록 한다.

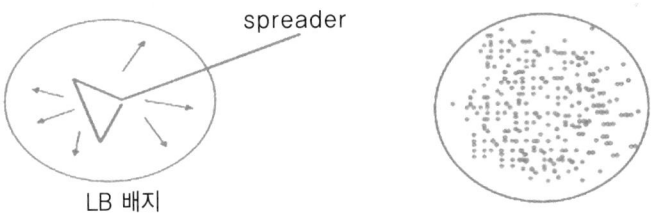

라. 핀셋을 이용하여 필요한 디스크를 배지 표면에 내려놓는다. 각 디스크간의 간격은 24 mm 이상, 가장자리로 부터는 15 mm 떨어져야 한다.

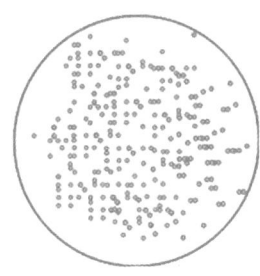

가운데를 가볍게 눌러 한천배지 표면에 완전히 부착시킨다.

마. 디스크 위에 각각의 항생제 10 ㎕ 를 떨어뜨린다.

바. 디스크를 놓은 페트리디쉬는 30분 가량 정치시킨 후 37℃에서 16~18시간 배양한다.

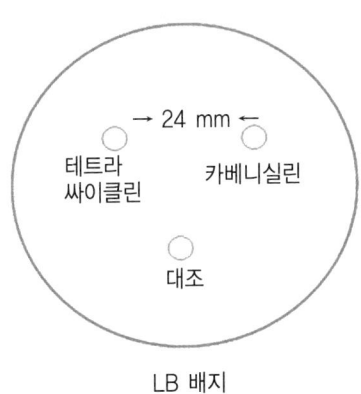

4 결과 및 고찰

가. 16~18시간 배양 후 자를 이용하여 발육억제대(투명대)의 직경을 측정하여 기록한다.

나. 관찰한 결과를 해석해 보자.

다. 투명대 넓이에 영향을 줄 수 있는 요소에 대해 생각해보자

5 결과 오류의 흔한 오차

가. 배지의 오류 : 배지 두께가 틀리거나 배지 성분이 잘못될 경우이다. (4 mm 정도가 적당)

나. 디스크의 오류 : 디스크의 역가가 오랜 보존에 의해 변성될 경우이다.

다. 시험 균주의 오류 : 균주가 오염되었거나 접종 균액의 탁도가 잘못될 경우이다.

실험 보고서

일 시	년 월 일 교시	실험 조	조
학 번		기 온	
실험제목			

15장 대장균 배양과 그람 염색

1 실험의 개요

가. E. Coli (Escherichia coli)란?

막대형 박테리아(간균), 그람 음성균 유전공학에 가장 기본적으로 쓰임

- 대장균에 있는 플라스미드는 DNA고리로 된 핵 외 염색체인데 스스로 자기복제(self replication)를 할 수 있으며 몸 안팎으로 쉽게 출입이 가능하다.

나. 배양법

1) 도말 평판법 (streak plate methods) : 고체배지에 loop를 이용해서 도말 하는 방법이다.
2) Spread plate methods : 희석된 균주를 고체배지 표면 위에서 스프레더를 이용하여 spreading 하는 방법이다.
3) 주입평판법 pour plate methods : 희석된 균주를 빈 plate에 먼저 떨어뜨린후, 액화 상태의 LB agar를 부어 굳힌다.
4) Pure culture : 한 종의 순수한 cell(single colony)을 함유한 배양

2 준비물

가. 기구

배지, 이쑤시개, 알코올 램프

나. 재료

LB 배지(tryptone, yeast extract, Nacl, agar)

3 탐구 과정

가. 멸균된 이쑤시개를 가지고 균을 따낸다.
나. 시작부분에서 몇 번 왕복시켜 희석하고 1번과 같이 선을 긋는다.
다. 새 이쑤시개로 교차하여 몇 번 streak하고 2번과 같이 streak한다.
라. 새 이쑤시개로 3번과 같이 streak 한다.

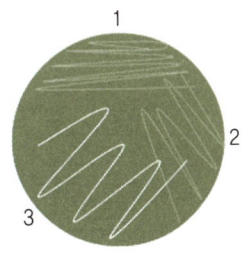

4 결과 및 고찰

37℃ 배양기(incubator)에서 6시간~12시간 배양 후 배양 plate를 꺼내어 *E. coli*가 자란 모습을 관찰하여 그린다.

- Single colony isolation이 잘 되었는지 확인한다.

그람염색

1 실험의 개요

가. 그람염색(Gram stain) 이란 ?

1884년 Christian Gram에 의해 개발된 세균학에서 가장 널리 사용되고 있는 염색법으로 미지의 세균을 동정하는 경우 첫번째로 선행되어야 하는 과정이다.
염색된 결과에 따라 세균을 그람양성균과 그람음성균으로 구별한다.

- 세포벽 구조의 차이에 기인한다.

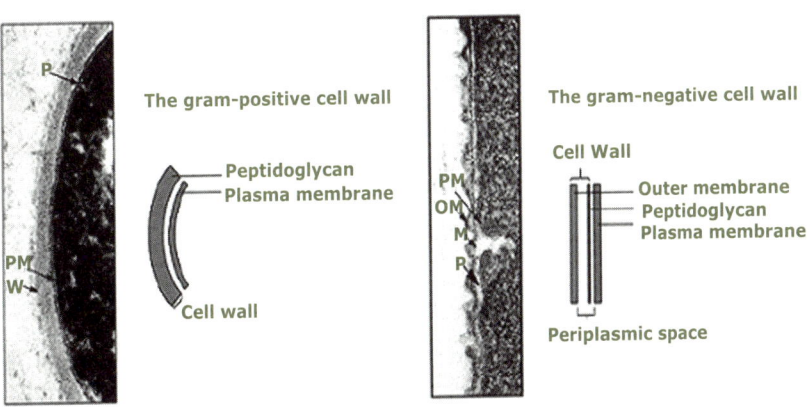

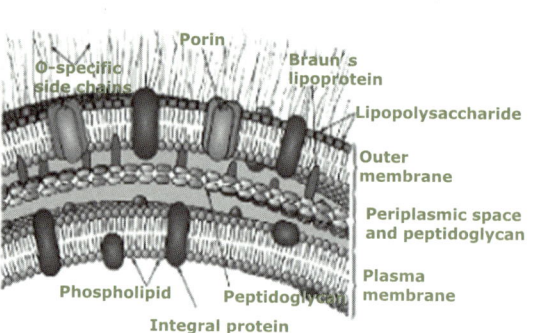

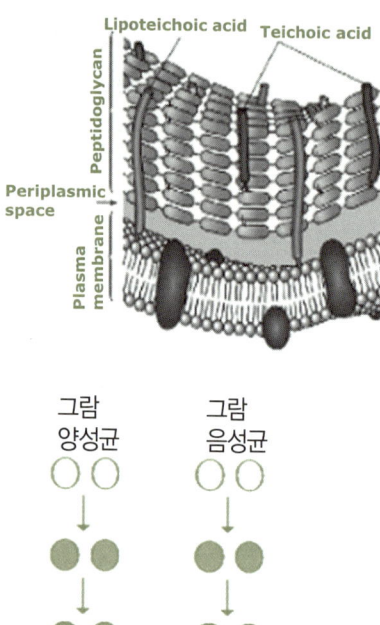

나. 그람염색의 원리

→ 크리스탈바이올렛 : 양성균과 음성균 모두 보라색으로 염색(펩티도글리칸층이 염색)한다.

→ 요오드 : 염료를 세포벽에 부착한다.

→ 에탄올 : 세포벽의 염료를 탈색시킨다.

→ 샤프라닌 : 붉은색으로 대조 염색한다.

3 준비물

가. 기구

이쑤시개, 혈청 분리관, 현미경, 폐수통, 알코올 램프, 슬라이드 글라스, 커버 글라스

나. 재료

균주 : *Escherichia coli, Lactobacillus* K2

시약 : 크리스탈 바이올렛(보라색), 사프라닌(붉은색), 요오드, 95%에탄올, 3차 증류수(D.W)

4 탐구 과정

가. Slide glass 위에 두가지 균주를 100 ㎕ 씩 떨어뜨린다.
나. 알코올 램프로 세균을 slide glass에 고정한다.
다. 크리스탈바이올렛을 떨어뜨린 후 1분간 방치한다. → D.W로 washing 후 건조
라. 요오드(매염제)를 떨어뜨린 후 1분간 방치한다. → D.W로 washing 후 건조
마. 95% 에탄올 용액으로 탈색 (20초~30초)한다. → D.W로 washing 후 건조
바. 사프라닌을 떨어뜨린 후 1분간 방치한다.
사. D.W로 washing 후 cover glass로 덮고 관찰한다

5 결과 및 고찰

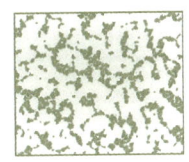 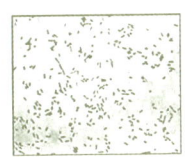

가. Esc *herichia coli*, *Lactobacillus* K2의 균주 특성에 대해 조사하라.

나. 실험결과 각 균주를 그람 양성균과 음성균으로 분리해본다.

다. 예상된 결과가 나오지 않았을 경우 그 원인은 무엇인가?

실험 보고서

일 시	년 월 일 교시	실험 조	조
학 번		기 온	
실험제목			

16장 박테리아의 성장곡선

1 실험 목적

미생물의 생장은 세포의 수나 생물량의 증가를 말한다. 단세포 생물체에서 생장은 대체로 수적인 증가를 의미하며, 미생물의 생장곡선은 미생물을 액체배지에 배양할 때 배양시간과 생균수의 대수 (log) 사이의 관계를 나타내는 곡선이다. 본 실험에서는 대장균을 이용하여 박테리아 균주의 생장곡선 (지연기, 대수증식기, 감속생장기, 정체기, 사멸기) 과정을 이해하고 박테리아의 분열 시간을 계산한다.

2 실험 원리

세균은 영양분이 풍부한 배지에 있으면, 개체수는 세균성장곡선이라고 불리는 독특한 형태에 따라 증가한다. 처음 새로운 배지에 옮겨지면, 세균은 고유의 세대기간에 따라 증가하는 것이 아니라 상당 기간 동안 일정한 수에 머문다. 이 기간 동안 각 세균은 새 환경에 생리적으로 적응한 후 활발히 대사 작용을 하여 크기가 증가한다. 최적조건에서의 최대개체수(약 1010/㎖)는 대수기 끝에서 얻는다. 이후 개체수 증가율은 현저히 떨어지는데 이 기간을 정지기라고 부르며, 그 기간은 종에 따라 다르다. 증가율 감소에는 억제물질의 생산, 영양소의 고갈, 세포의 죽음 등이 복합적으로 작용한다.

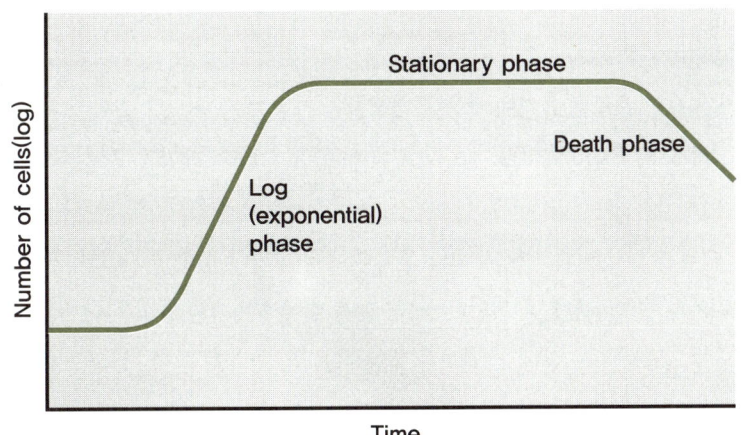

미생물의 생장은 세포 수의 증가로 정의한다. 자연에서 모든 세포는 한정된 수명을 가지고 있으며, 종이 유지되는 것은 집단의 계속되는 생자에 의해서만 가능하기 때문에 생장은 미생물 기능에서 필수적인 부분이다. 즉, 생장이란 세포의 구성성분이 증가하여 미생물의 크기가 커지거나 집단을 이루는 개체수가 증가하는 것을 말하며, 닫힌계에서 미생물 집단이 일정세대 이상 대수적으로 생장하면 영양분이 부족하고 노폐물이 축적되어 정체기로 들어선다. 열린계에서는 영양분이 계속 첨가되고 노폐물이 제거되어 대수기를 오랫동안 유지할 수 있다. 또한, 전체 세포 수, 살아있는 미생물의 수 또는 세포 질량의 변화 등을 측정하여 미생물의 생장을 알 수 있다. 수분의 가용성, pH, 온도, 산소농도, 압력, 방사선 및 여러 가지 다른 환경요인은 미생물의 생장에 영향을 준다. 그러나 특히 세균과 같은 많은 종류의 미생물은 다른 대부분의 고등생물이 살지 못하는 극한 환경조건에서도 적응하여 번성하고 있다. 자연환경에서는 영양분이나 다른 환경요인이 얼마나 잘 제공되는지에 따라 생장속도가 결정되며, 세균은 서로 신호를 주고받으며 집단의 밀도에 따른 신호에 따라 서로 협력적인 행동을 나타낸다.

미생물의 생장곡선은 미생물을 액체배지에 배양할 때 배양시간과 생균수의 대수(log) 사이의 관계를 나타내는 곡선이다.

- 준비기(lag phase)
  새로운 배지에 접종된 미생물은 이 기간 동안 증식을 위한 준비단계로 세포의 크기와 무게가 증가한다. 이는 새로운 환경에 적응하는 기간으로서 미생물의 종류, 생육환경, 생리적인 조건에 따라 대수기로 이행하는 데까지의 시간 차이가 생긴다. 보통 이 기간은 종균(seed)의 상태와 배양조건에 따라 결정적으로, 이 기간을 줄이기 위하여 종균배양 단계에서부터 주의할 필요가 있다. 이 기간은 배지 영양성분의 농도변화, 탄소원과 에너지원의 함량비 차이, 세포막을 통하여 이루어지는 확산작용에 의하여 발생되는 접종균체 내부성분의 희석여부, 접종균체의 균령(inoculum age), 접종량의 크기(inoculum size)와 같은 요인에 의해 영향을 받는다.

- 대수증식기(log phase)
  준비기가 지나면 새로운 환경에 적응한 미생물이 가장 빠른 속도로 증식한다. 이시기를 대수 증식기(log phase, exponential growth phase)라고 한다. 배양액 중에는 영양분이 충분할 뿐만 아니라 독성물질은 없거나 매우 적어서 증식에 거의 영향을 주지 않는다. 세포질의 합성속도와 세포 수의 증가가 비례하며, 세포의 생리적 활성이 가장 강한 시기이며, 세포에 대한 물리 화학적 처리에 감수성이 높은 시기이다. 이 기간에 있어서 미생물 증식은 대부분 기질 농도에 관계없이 대수적으로 이루어 진다. 균체수와 배양시간과의 관계를 반대수그래프(semilog praph)에 작성하면 직선관계가 얻어지므로 보통 이 기간을 대수증식기라 한다.

세대시간 계산식

X_0: 출발시간의 세포 수, X_t : 일정한 시간이 경과한 후 의 세포 수,

k: 단위시간에 일어난 분열회수, t : 세포수가 두 배로 되는데 필요한 시간

$X_t = 2^{kt} X_0$

$\log_2 X_t / X_0 = kt$ (2의 대수로 표시)

$k = (\log_2 X_t - \log_2 X_0)/t$

$k = (\log_{10} X_t - \log_{10} X_0)/0.301t$ (10의 대수로 표시)

$t_g = 1/k$

예) 1,000 개의 세포가 5시간 후 100,000개로 증식

$k = (\log_{10} 100{,}000 - \log_{10} 1{,}000)/(0.301 \times 5) = (5-3)/1.505 = 1.33$

$t_g = 1/k = 60 \min / 1.33 = 45 \min$

- 정지기(stationary phase)

균체증식이 많이 이루어지면 배지 중에 들어 있던 기질이 소모되고, 대사산물의 생성과 더불어 독성물질의 생성 등으로 생육속도가 늦어지거나 정지된다. 이 기간 중에 세포의 수는 최대가 되며, 증식되는 세포 수와 사멸되는 세포 수가 같아져서 전체적으로 생균 수가 일정하게 된다. 이 기간 중에는 규체조성의 변화가 일어나며, 균체를 구성하고 있는 탄수화물, 단백질 등이 빠져 나와 새로운 영양원으로 작용하기도 한다. 또한, 여러 가지 대사산물이 고농도로 생성되는 경우가 많다. 2차 대사산물을 목적으로 하는 발효에 있어서는 어느 정도 균체증식을 유도한 다음 인위적으로 이런 조건이 되도록 조절하기도 한다.

- 사멸기(death phase)

이 기간 중에는 배지 중의 영양원뿐만 아니라 균체에 축적된 에너지원의 소모, 2차 대사산물의 축적, 생육정해물질의 생성 등으로 사멸되는 세포 수가 증식되는 세포 수보다 많아서 전체적으로 생균 수가 감소한다.

3 실험 재료

대장균 (*Escheratia coli*), LB 배지, 시험관, 분광광도계, voltex, 삼각플라스크

4 실험 방법

가. 대장균 (*Escheratia coli*)을 2 ml의 LB 배지에 접종 후 밤새 37℃에서 배양한다.
나. 50 ㎕의 대장균 배양액을 미리 50 ml의 LB 배지에 접종한다 (이때 LB 배지는 미리 37℃로 예열 해 놓는다).
다. 1 ml을 취하여 초기 대장균의 농도를 575 nm 흡광도로 측정한다.
라. 180 rpm에서 배양하며 매 15분 간격으로 흡광도를 측정한다.

5 결과 및 고찰

가. 흡광도 값을 아래 테이블에 기록 한다

	0분	15분	30분	45분	60분
1조					
2조					
3조					
4조					

나. 성장 곡선으로부터 doubling time을 구한다.

다. 박테리아 농도 측정에 있어서 흡광도의 원리에 대해 논의 하시오.
   (OD570 nm의 값이 1일때 대장균의 수는 얼마인가?)

라. 흡광도 측정방법 이외에 대장균 성장을 측정하는 다른 방법은 어떠한 것이 있는지 논의 하시오.

실험 보고서

일 시	년 월 일 교시	실험 조	조
학 번		기 온	
실험제목			

17장 꽃 기관과 유전자 기능

1 실험 목적

식물체가 자신의 종을 유지하고 번성시키기 위해 꽃을 피우고 씨앗을 맺는데 이 과정은 정교하게 여러 유전자의 기능에 의해 이루어진다. 애기장대를 예로 꽃의 각 기관들(꽃잎, 꽃받침, 암술, 수술)이 어떻게 만들어 지고 이 과정에 어떤 유전자들이 작용하는지를 알아보고자 한다.

2 실험 원리

다세포생물인 식물을 들여다보면 그 구조와 기능이 제각기 다른 무수히 많은 세포들로 이루어져 있고, 이 세포들은 다시 구조와 기능이 서로 다른 많은 조직과 기관을 구성하고 있음을 볼 수 있다. 본 장에서는 식물에서 나타나는 분화, 발생원리를 설명하고 분화와 발생을 조절하는 유전메커니즘을 소개하고자 한다. 1980년대 후반기에 식물의 발달과정을 연구하는 학자들은 꽃의 각 기관들이 정상적으로 만들어지지 않는 돌연변이체(mutant)들을 수집해서 연구를 했었고 1990년대 초에 마침내 식물체가 어떻게 꽃잎, 꽃받침, 암술, 수술을 만들어 내는지를 설명 할 수 있는, 식물 발달 생물학 분야(plant developmental biology)에서 커다란 이정표가 된 'ABC 모델'을 만들어 내게 되었다. ABC 모델이란 꽃잎, 꽃받침, 암술, 수술과 같은 네 개의 기관은 각각 'A, B, C class에 속하는 세 가지 그룹의 유전자들의 상호작용에 의해서 만들어 진다는 내용이다. 즉, 꽃받침은 'A class'에 속하는 유전자의 역할에 의해서 만들어지고 꽃잎은 'A class'와 'B class' 유전자들의 공동작용에 의해서, 수술은 'B class'와 'C class' 유전자들의 공동작용, 마지막으로 암술은 'C class'에 속하는 유전자의 역할에 의해서 만들어지게 된다. 보다 간단하게 'ABC 모델'을 수식으로 정리하면 다음과 같다.

"A = 꽃받침(sepal), A + B = 꽃잎 (petals), B + C = 수술 (stamen), C = 암술 (carpel)"

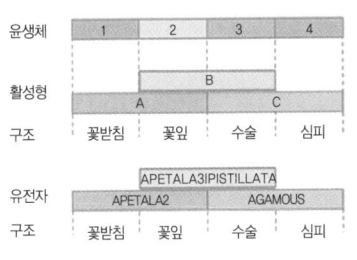
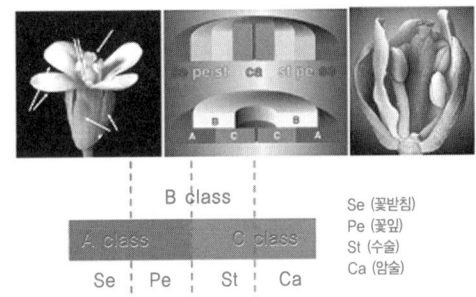

만약 어떤 식물체에 'A class'에 속하는 유전자가 없어지게(기능을 못하게) 된다면(A class 돌연변이체) 'C class' 유전자들이 원래 'A class' 유전자들이 차지하고 있던 영역을 침범하게 되어서 그 식물체는 꽃잎과 꽃받침이 없는 암술과 수술만 있는 꽃을 만들게 된다. 그리고 만약 어떤 식물체에 'B class' 유전자들이 기능을 못하게 되면(자연적 혹은 인위적 돌연변이 등을 통해서) 그 식물체는(B class 돌연변이체) 꽃받침과 암술로만 이루어진 꽃을 가지게 된다.

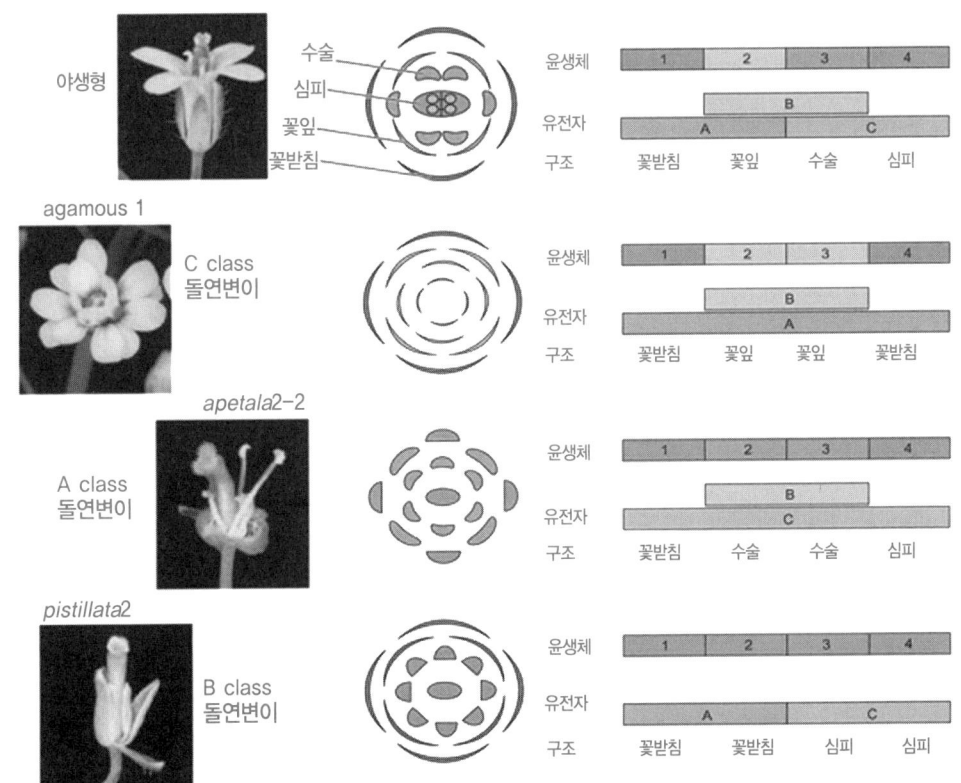

지금까지 애기장대 돌연변이 연구를 통해 APETALA1, APETALA2, APETALA3(AP1-3), AGAMOUS(AG), LEAFY(LFY), PISTILLATA(PI), AGAMOUS-LIKE20(AGL20)등 ABC class 의 꽃 기관형성 조절에 관련된 유전자(floral organ identity genes)들이 다수 알려져 왔다. 하지만 ABC class 유전자들만으로는 꽃 기관형성 조절을 완전히 설명하기 힘들고 아직까지 완전히 밝혀지지 않은 또 다른 유전자들이 이에 관여하는 것으로 나타나고 있다.

3 실험 재료

돌연변이 애기장대(apetala1, apetala2, apetala3(ap1-3), aganous(ag), leafy(lfy), pistillata(pi), aganous-like20(agl20)), 페트리디쉬, 가위, 해부 현미경, 해부용 바늘, 핀셋

4 실험 방법

가. 장일 조건 (16 h-light/8 h-night)에서 5-6주간 애기장대를 키운다.
나. 꽃 기관을 가위를 이용하여 잘라낸다.
다. 해부용 바늘을 이용하여 조심스럽게 꽃잎 및 꽃받침을 해부한다.
라. 해부 현미경을 이용하여 꽃 기관을 관찰한다.

5 결과 및 고찰

가. 꽃 기관형성 중 암술, 수술, 꽃잎, 꽃받침을 형성하지 못하는 돌연변이는 어떠한 종류가 있는가?

나. 각 꽃 기관 형성 돌연변이들이 나타내는 표현형을 기초로 하여 이들이 조절하는 과정을 ABC 모델을 기초로 하여 논의 하시오.

다. 각 돌연변이에서 불임을 나타내는 경우와 그 이유에 대해 논의 하시오.

라. 각 돌연변이 유전자들이 꽃기관형성 신호전달에 있어서 어떻게 기능을 하는지 문헌 조사를 통해 알아보시오.

참고문헌
- 식물생리학 제3판 (2005) 전방욱 역저

실험 보고서

일 시	년 월 일 교시	실험조	조
학 번		기 온	
실험제목			

18장 식물 종자의 발아

1 실험의 개요

가. 배양시 오염의 원인

1) 배지의 불충분한 살균이 원인이다.
2) 기구와 초자(유리)의 불충분한 살균이 원인이다.
3) 공기로부터의 오염이 원인이다.
4) 작업자의 작업미숙이 원인이다.
5) 식물체 내부와 외부의 오염이 원인이다.

나. 식물재료의 살균과 무균조작

1) 알코올을 이용한 살균

에틸알콜(C_2H_5OH)을 의미하며, 에탄올(ethanol)이라고도 부른다.

알콜은 강한 탈수작용으로 원형질 분리를 일으켜 세포를 죽게 함으로 특히 세균의 살균에 효과가 있으나 반면에 침투성이 강하여 식물세포에도 해가 있기 때문에 장시간의 처리는 좋지 않다.

식물 살균에는 70% 알콜을 사용하는데 그 이유는 높은 농도에서는 식물세포에 탈수작용이 일어나기 때문이며, 기구나 무균대의 살균에서는 95% 이상의 것을 사용하는데, 그 이유는 알콜이 증발한 후 물기를 남기지 않도록 하기 위해서이다

다. 종자의 발아

1) 발아란?

종자가 알맞은 환경조건에 놓이면 배의 유근과 유아 생장하여 씨 껍질 밖으로 나오게 되는데, 이것을 종자의 발아라고 한다.

2) 종자 발아에 필요한 환경

수분 – 저장종자는 10% 내외의 수분을 함유하고 있으나 물을 주어 70% 이상 흡수하게 하면 종자 내의 생리작용(효소와 호흡작용)에 의하여 발아하게 된다.

온도 - 일반적으로 온대산은 12~25℃, 열대산은 25~35℃에서 발아가 잘 된다.

산소 - 일반적으로 산소의 농도가 높으면 발아가 촉진되며, 탄산가스의 농도가 높으면 발아가 억제된다.

광선 - 대부분의 종자는 빛의 유무에 관계없이 발아하지만, 식물의 종류에 따라서는 광선이 발아를 촉진하는 종자와 발아를 억제하는 종자가 있다.

2 준비물

무 종자, 70% 알코올, 멸균 증류수, 핀셋, sodium hypochloride

3 탐구 과정

가. 물로 깨끗이 씻는다.

나. 70% 알코올에서 5분 정도 1차 멸균한다.

다. Sodium hypochloride(우수한 염소 소독성을 가짐)에서 10분 정도 2차 멸균한다.

라. 멸균된 증류수에 5회 세척한다.

마. Cleanbench 내에서 배지에 멸균된 종자를 접종한다.

사. 배양조건 – 온도 : 25°C incubator

4 결과 및 고찰

2~5일 동안 종자의 발아를 관찰하여 그리시오.

참고문헌

- Biology 캠볼 저

실험 보고서

일 시	년 월 일 교시	실험 조	조
학 번		기 온	
실험제목			

19장 식물조직 배양

1 실험의 개요

가. 식물조직배양(plant tissue culture)
  1) 식물조직배양은 식물의 전형성능을 이용하여 식물체의 세포, 조직, 기관, 배, 종자 및 식물체의 일부를 영양소가 첨가된 배지에서 키우는것을 말한다.
  2) 초기의 조직배양은 번식이 주요 목적이었으나 시간이 지나면서 많은 발전이 이루어져 지금은 다양한 분야에 이용되고 있다.
  3) 식물의 전형성능(totipotency) : 식물조직배양이 가능한 이유는 식물의 totipotency(전형성능), 분화전능성(세포나 조직이 세포전체의 형태를 형성하거나 식물체를 재생하는 능력) 때문이다.

  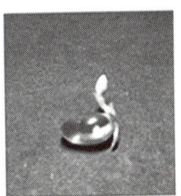

무균발아   식물체재분화   인공 종자

나. 식물조직 배양의 특성
  1) 좁은 면적에서 적은 규모로 행해진다.
  2) 기내의 조건은 조직이 성장하는데 있어 영양소와 식물생장조절물질 뿐만 아니라 물리적인 면에서도 알맞다.
  3) 균류, 세균, 바이러스 등의 모든 미생물과 기타 고등식물에 번식하는 곤충(해충, 선충)등이 제거된다.
  4) 식물조직이 배지에 접종되면 식물체의 정상적인 발달이 깨지고 캘러스를 형성하거나 많은 비정상적인 방향(기관형성, 체세포배형성 등)으로 진행한다.
  5) 배양이 기내에서 이루어진다.

다. 배지란?

1) 배지는 배양하는 조직을 지탱하고 양분을 공급해주는 역할을 하는 점에서, 토양과 같은 것으로 생각할 수 있다. 그러나 배지가 토양과 다른 점은 완전히 인위적으로 만들어지고, 항상 무균상태로 유지된다는 점이다. 또한 용기 내에서 배양체를 종속영양성으로 키우는데 필요한 양분과 식물 생장 조절물질을 포함하고 있다.

고체배지가 기본형태이며, 배양액에 한천을 첨가하여 반고체 상태로 만든것이 가장 널리 사용하는 형태이므로 일반적으로 배지라하면 고체배지를 의미한다.

2) 배지의 성분물: 배지의 95%를 차지하며 정제하여 순도를 높인 물을 사용한다.

교질재료 : 정지상태에 있는 액체 속에서는 배양체가 살 수 없으므로 배지 속에 교질재료를 넣어 응고 시킨 후 그 위에 조직을 접종함으로써 공기 중에 노출되도록 한다. 교질재료로 한천, 아가로스, gelite가 있으면 식물조직배양에서 고체 또는 반고체 배지를 만들기 위해서는 한천(agar)이 가장 많이 이용된다.

무기영양소 –다량원소: C, H, O, N, P, K, S, Ca, Mg, Fe, Mn, Cu, Zn, B, Mo
　　　　　　–소량원소: N, P, K, S, Ca 및 Mg

유기영양소 : 탄수화물, 식물생장조절물질, 비타민 등이다.

아미노산 : 비타민과 유사한 작용을 하는 것으로서 조직의 생장을 최대로 하기 위해서 배지에 첨가하는 것이 좋다. 흔히 사용되는 아미노산류로는 myo-inositol(100~200 mg/L), glycine, L-glutamine등이 있다.

탄소원 : 가장 흔히 사용되는 탄소원은 2 ~ 5%의 sucrose이다.
Sucrose는 열에 약하기 때문에 배지의 살균시간이 길어지거나 압력 이 높아지면 이당류인 sucrose가 단당류인 D-glucose나 D-fructose로 변하기 때문에 세 가지의 당이 혼재할 가능성이 높고, 생장을 억제시 키는 요인이 될 수도 있다.

비타민 : 식물체는 생장과 발육에 필요한 비타민은 스스로 합성하지만 배양된 대부분의 식물세포는 합성능력이 충분하지 못하므로 조직의 생장을 촉진하기 위해서는 비타민을 첨가하여 주는 것이 좋다.

2 준비물

가. 기구

약수저, 저울, 메스실린더, 500 mL 플라스크, 마그네틱 바. 교반기, pH 미터, 고압습윤멸균기, 클린벤치

나. 재료

Murashige와 skoog(MS)배지, 3차 증류수, sucrose

한천(agar) : Bacto agar 사용

- 배지가 묽으면 깨지고 너무 단단하면 뿌리 발생이 어렵다.

3 탐구 과정

가. 150 ml 3차 증류수에 MS 배지 0.9 g을 첨가한다.

나. 3% Sucrose (6 g)을 첨가한 후 완전히 용해시킨다.

다. pH를 5.8로 맞춘다.

라. 메스실린더에 부어 총 볼륨(200 ml)을 맞춘다.

마. 플라스크에 담은 후 0.8% bacto agar (1.6 g)를 첨가한다.

바. 고압습윤멸균기(autoclave)를 사용하여 멸균시킨다.

-121℃, 1.2기압, 15분

사. 멸균 후 적당히 페트리디쉬에 20~24 ml 정도 부어서 평평한 곳에 놓고 식힌다.

4 결과 및 고찰

가. 식물조직배양의 이용분야에 대해서 알아보자.

나. 기내배양의 장단점에 대해서 알아보자.

실험 보고서

일 시	년 월 일 교시	실험 조	조
학 번		기 온	
실험제목			

20장 쥐 해부

1 실험의 개요

가. 쥐의 생리학적 특징

마우스의 chromosome type은 2n=40이며 염색체의 형태는 동원체를 기준으로 형태와 크기를 분류한다. 따라서 마우스는 단부동원체 염색체(acrocentric : 동원체가 완전히 끝에 있거나 거의 끝에 있는 경우)와 telocentric이 혼합된 A형의 염색체를 가지며, Y염색체의 경우에는 가장 작은 acrocentric이 된다.

나. 생물학 연구에 쥐를 사용하는 이유

- 분류학적 위치: 척추동물문 –포유동물강–설치목–쥐과–생쥐속–생쥐종.
- 종양, 면역, 유전, 약리, 등의 연구에 가장 빈도 높은 실험동물(인간유전특성과 매우 유사)이다.
- 세대 교체가 빠르다(수명 : 2~3년).
- 다양한 연구 목적에 적합한 계통 선택 가능(근교계, 변이계, 폐쇄군)하다.
- 번식능력 높고(번식개시 가능일수: 생후 6~8주, 번식율 : 6~13마리), 사육관리 용이하다.

2 준비물

가. 기구
해부접시, 핀, 해부가위, 핀셋, 알콜

나. 재료
흰쥐

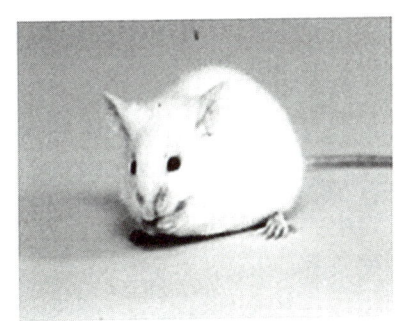

3 탐구 과정

가. 외부형태 관찰

1) 쥐를 마취시킨 후 경추를 탈골시킨다.
   - 마취 후 왼손 엄지와 검지로 목 뒤를 잡고, 오른손으로 꼬리를 잡아 빠르게 당긴다. 한번에 탈골시킨다.
2) 외부 형태를 관찰한다.
   - 두부, 목부, 복부, 꼬리 등을 관찰한다.
   - 쥐의 치아를 관찰한다.
   - 쥐가 수컷인지, 암컷인지를 확인한다.

나. 내부형태 관찰

1) 쥐 내부기관 모식도

호흡기관 : 기관지(8), 폐(14)

순환기관 : 심장(13)

소화기관 : 위(17), 소장(23), 대장(24), 이자(19), 간(16), 신장(20)

생식기관 : 정소(32), 난소

면역기관 : 흉선(11), 비장(21)

1. 외비공 : External nare	13. 심장 : Heart	25. 맹장 : Blind intestine(cecum)
2. 절치 : Incisor tooth	14. 폐 : Lung	26. 직장 : Rectum
3. 악이복근 : Digastric muscle	15. 횡격막 : Diaphragm	27. 요관 : Ureter
4. 교근 : Masseler	16. 간장 : Liver	28. 정낭 : Seminal vesicle
5. 이하선 : Parolid gland	17. 위 : Stomach	29. 방광 : Urinary bladder
6. 악하선 : Submandibular gland	18. 지방체 : Fat body	30. 정삭 : Spermatic cord
7. 갑상선 : Thyroid gland	19. 췌장(이자) : Pancreas	31. 부고환 : Epididymis
8. 기관 : Trachea	20. 신장 : Kidney	32. 고환, 정소 : Testis
9. 총경동맥 : Common caroid artery	21. 비장 : Spleen	33. 음경 : Penis
10. 쇄골하동맥 : Subxlavian artery	22. 장간막 : Mesentery	34. 음낭 : Scrotum
11. 흉선 : Thymus	23. 소장 : Small intestine	35. 복근 : Abdominal
12. 심방 : Atrium	24. 대장 : Large intestine	

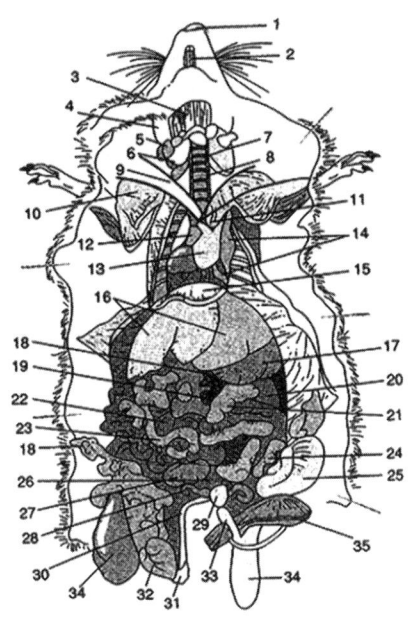

2) 내부형태 관찰

쥐의 등을 돌려놓고, 각 발을 해부 접시 위에 45°로 핀을 꽂는다.

다음과 같이 피부를 벗겨내고, 복막을 절개한다.

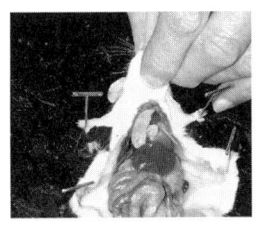

흉부(가슴)의 밑바닥에 있는 늑골 주머니의 뒤 바로 아래를 가위로 약간 절개하고, 늑골주머니의 가장 윗 뼈인 흉골이 잘라 질 때까지 앞쪽으로 잘라낸다

순환기관, 호흡기관 등을 관찰한다.

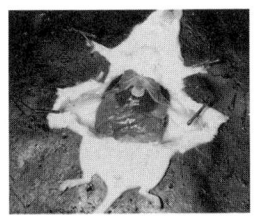

쥐를 돌려서 꼬리가 앞으로 향하게 한 후, 내장은 잘리지 않게 주의하면서 요대를 향하여 복부 벽을 잘라내고 성 기관에 도달할 때까지 복부와 중앙 배쪽 표면 위의 흰 선을 따라 절단한다.

배설기관, 생식기관 등을 관찰 한다.

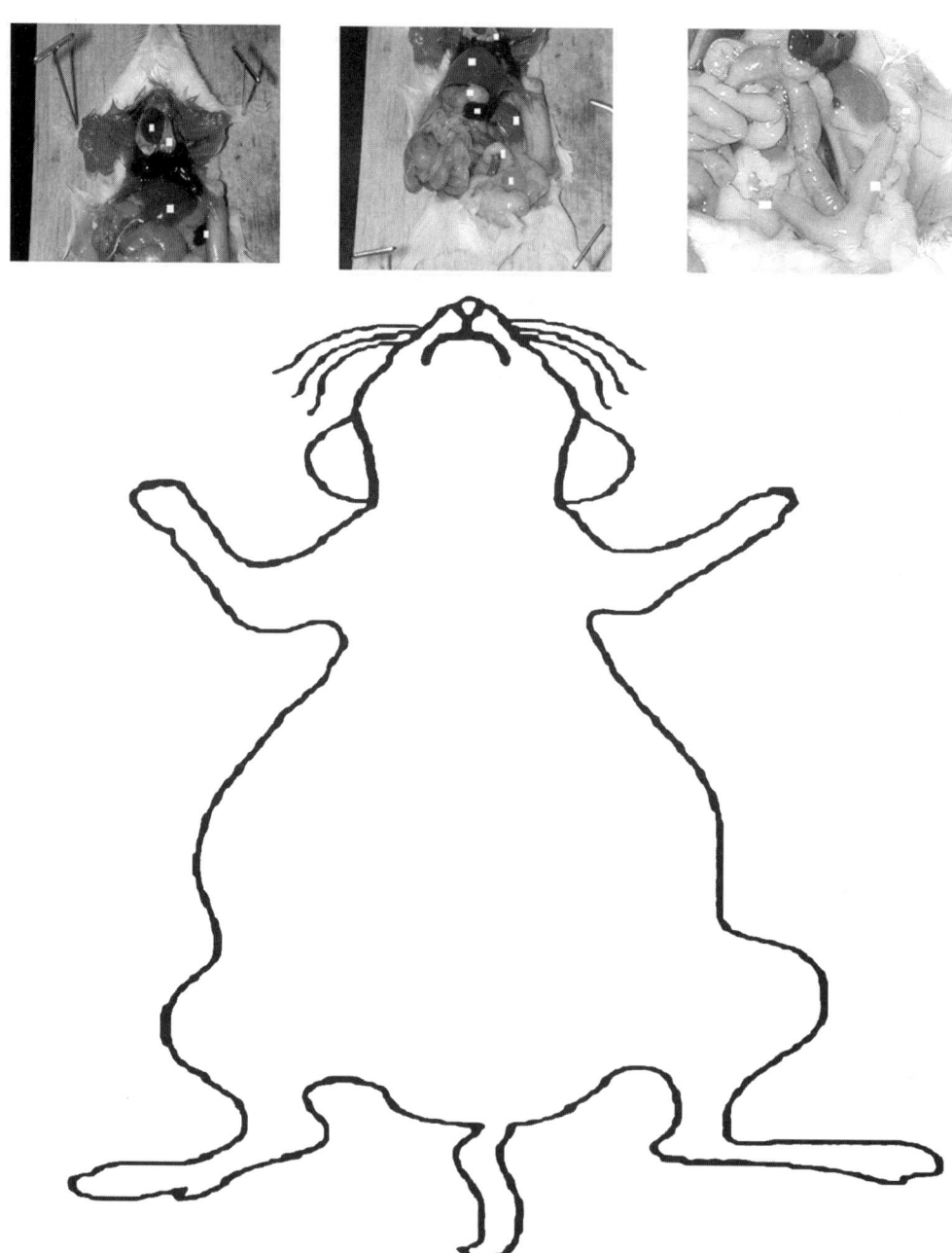

4 결과 및 고찰

1) 쥐의 외부 형태 및 내부 기관을 다음의 그림에 자세히 그려 넣는다.
2) 주요 기관들의 형태적 특징과 기능적 특징을 기술한다.

실험 보고서

일 시	년 월 일 교시	실험 조	조
학 번		기 온	
실험제목			

21장 음식물 속 영양소 검출

1 실험의 개요

- 녹말 검출(요오드 반응)

  녹말 + 요오드-요오드화칼륨 용액 → 청남색

- 포도당 검출(베네딕트 반응)

  포도당 + 베네딕트 용액 →(가열) 황적색

- 단백질 검출(뷰렛 반응)

  단백질 + 5% 수산화나트륨 용액 + 1% 황산구리 용액 → 보라색

- 지방 검출(수단Ⅲ 반응)

  지방 용액 + 수단Ⅲ 용액 → 선홍색

2 준비물

가. 기구 : 알코올 램프, 비커, 시험관, 시험관 집게, 시험관대, 유성펜

나. 재료 및 시약 : 베네딕트 용액, 요오드-요오드화 칼륨 용액, 1% $CuSO_4$, 5% NaOH 용액, 수단Ⅲ용액, 증류수, 벤젠, 라벨, 달걀 흰자(물로 5배정도 희석), 꿀물, 전분용액, 식용유, 음식물 중 임의로 두 가지씩을 섞은 미지의 용액 세 가지

3 실험상의 유의 사항

가. 스포이트를 사용할 때 정해진 용액이나 시약에만 사용한다.

나. 베네딕트 용액을 넣고 가열시 입구가 사람을 향하지 않도록 주의하며 작은 기포가 생길 때까지만 가열한다.(큰 기포가 생길 정도로 가열하면 뜨거운 액체가 갑자기 솟구치게 되어 화상을 입을 수 있다)

다. 스포이트로 용액을 떨어뜨릴 때 시험관 벽에 닿지 않도록 한다.

라. 색깔 변화 관찰시 흰 종이를 대고 확인한다.

마. 알코올 램프 사용 시 주의하여 사용한다.

4 탐구 과정

가. 학습목표

　1) 기본적인 영양소 검출 방법으로 포도당, 녹말, 단백질, 지방을 검출한다.

　2) 음식물에 들어 있는 영양소의 종류를 실험을 통해 확인할 수 있다.

나. 절차 및 방법

　실험 1 녹말, 단백질, 식용유 용액의 정색 반응 실험

　　1) 시험관 20개를 준비하여 달걀흰자, 꿀물, 전분용액, 식용유, 증류수를 네개의 시험관 A, B, C, D에 3 mL씩 넣자.

　　2) 각 시험관에 준비한 검출시약을 넣는다.

　　　①시험관 A : 요오드-요오드화칼륨 용액을 5방울을 넣고 흔들어 준다.

　　　②시험관 B : 수단Ⅲ 용액을 5방울을 넣은 후 색깔의 변화를 관찰한다.

　　　③시험관 C : 5%수산화나트륨 용액을 1 mL 넣은 뒤 1%황산구리용액을 5방울을 떨어뜨리고 흔든다.

　　　④시험관 D : 베네딕트 용액을 5방울 넣고 천천히 흔들면서 가열한다.

　　3) 실험 재료에 따라 각 시험관에 들어 있는 용액의 색깔 변화를 관찰 후 기록한다.

　　4) 어떤 색깔로 변하는지 실험 결과를 정리하여 보자.

　실험 2 미지의 용액 속의 영양소 검출

　　1) 네 개의 시험관 A, B, C, D를 준비하여 미지의 용액를 각 시험관에 3 mL씩 넣자.

　　2) 각 시험관에 베네딕트 반응, 요오드 반응, 뷰렛 반응, 수단 Ⅲ 반응을 시켜본다.

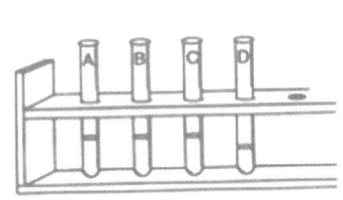 

3) 실험 재료에 따라 각 시험관에 들어 있는 용액의 색깔 변화를 관찰 후 기록한다.
　※영양소와의 반응에 의하여 색이 변하는 경우와 원래의 시약색이 희석되어 남아 있는 경우를 잘 비교하여 반응 여부를 판단한다.
4) 어떤 색깔로 변하는지 실험 결과를 정리하여 보자.

5 실험 결과 및 고찰

가. 실험 1과 실험 2의 결과를 표에 기록하라.

용액 검출 반응	꿀물	전분용액	달걀흰자	식용유	증류수	미지의용액
베네딕트 반응						
요오드-녹말 반응						
뷰렛 반응						
수단Ⅲ 반응						

나. 실험 1의 결과로 알 수 있는 것은?

다. 미지의 용액 속에 들어 있는 영양소는 무엇인가?

다. 실험 1의 대조군과 대조군을 설정한 이유는 무엇인가?

라. 실험 2의 대조군은 무엇인가?

마. 실험 2의 가설은 무엇인가?

6 논 의

가. 베네딕트 반응시 알코올 램프에 가열하는 방법 외에 사용할 수 있는 방법은 무엇인가?

나. 다른 조와 비교해 볼 때 반응색깔이 다르게 나타났다면 그 이유는 무엇일까?

실험 보고서

일 시	년 월 일 교시	실험 조	조
학 번		기 온	
실험제목			

22장 호르몬과 심장 박동

1 실험 개요

호르몬은 극히 적은 양만 방출되지만 그 영향은 매우 크다. 에피네프린은 위기 상황에 대비하기 위해서 분비되는 스트레스 호르몬으로, 심장 박동률과 대사율을 높여 준다. 이 실험에서는 갑각류에 속하는 물벼룩을 이용해서 에피네프린이 심장 박동에 어떤 영향을 주는지 알아보도록 하자.

교감신경이 흥분한 상태가 되면 심장의 박동은 빨라지고 모세 혈관이 수축하므로 혈압이 상승한다. 에피네프린을 생체에 투여하면 유사한 증세가 나타나는 것으로 보아 에피네프린은 교감 신경의 자극 전달 물질이라고 생각된다.

2 실험 준비물

현미경, 초시계오목 슬라이드글라스, 스포이트, 물벼룩 배양액, 커버글라스, 에피네프린 용액(0.01%, 0.001%, 0.0001%), 거름종이, 휴지

3 방법 및 절차

가. 스포이트를 이용해서 물벼룩 한 마리를 오목 슬라이드 글라스 가운데로 옮긴다.
나. 커버 글라스를 덮고 현미경으로 물벼룩을 관찰한 다음, 심장의 위치를 확인한다.
다. 초시계를 이용하여 10초 동안 물벼룩의 심장 박동수를 측정한다. 측정값을 10으로 나누어 1초당 심장 박동수를 구한다. 측정 결과를 기록하고 3번 반복한 다음, 평균값을 구한다.
라. 심장의 평균 박동수를 '박동수/초'로 구한 다음, '박동수/분'을 다음과 같이 구한다.

$$\text{박동수/초} \times 60\text{초} = \text{박동수/분}$$

마. 같은 방법으로 물벼룩을 오목 슬라이드 글라스에 올려놓고 거름종이로 물기를 제거한 후, 0.0001%의 에피네프린 용액을 떨어뜨리고 커버 글라스를 덮는다.

바. 약 60초 동안 방치하여 에피네프린의 효과가 나타나게 한 다음, 과정 다~라와 같이 심장 박동 수를 측정한다.

사. 슬라이드 글라스와 커버 글라스를 잘 닦고 새로운 물벼룩을 오목 슬라이드 글라스에 올려놓은 다음, 다른 농도의 에피네프린에 대한 심장 박동수를 과정 마~바와 같이 측정하고 그 결과를 기록한다. 각 농도에서 여러 마리의 물벼룩에 대한 측정 결과의 평균값을 구하여 기록한다.

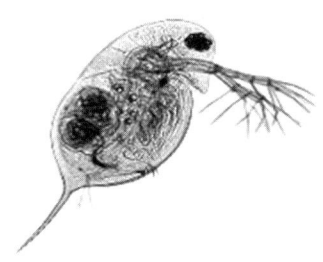

4 결과 및 고찰

가. 실험 결과를 다음 표에 정리하고, 에피네프린 용액의 농도(%)를 X축, 심장 박동률(박동수/분)을 Y축으로 하여 그래프로 나타내 보시오.

에피네프린 용액의 농도	심장 박동률				
	1차 (박동수/초)	2차 (박동수/초)	3차 (박동수/초)	평균 (박동수/초)	평균 (박동수/분)
0%					
0.0001%					
0.001%					
0.01%					

나. 에피네프린이 심장 박동에 미치는 영향을 설명하고, 에피네프린의 역치 농도를 결정하시오.

다. 에피네프린이 사람의 심장 박동에 어떤 영향을 줄 것으로 생각하는지 토의해 보시오.

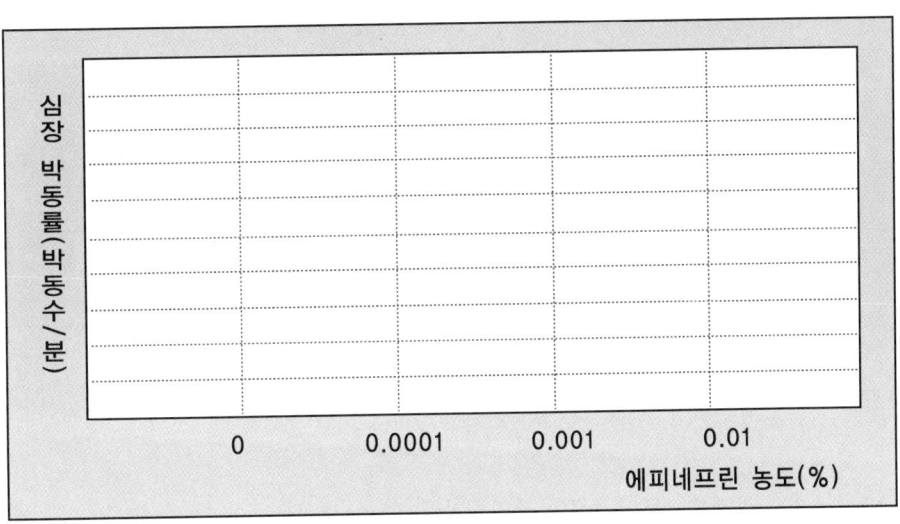

5 논 의

가. 에피네프린이 사람의 심장 박동에 영향을 주는 것과는 반대로 작용하는 호르몬들에는 어떤 것들이 있나 조사해 보시오.

나. 사람의 심장박동에 영향을 주는 요인들에는 어떤 것들이 있는지 조사해 보시오.

다. 평상시와 운동 시에 심장박동은 달라지는데 이는 어떻게 조절되는지 설명해 보시오.

라. 스트레스와 관련된 호르몬의 종류와 작용 기작에 대하여 알아보시오.

참고문헌

- Human Physiology, 2004, 3th, Pearson Education, Inc. Dee Unglaub Silvertborn
- 생물실험, 2004년, 교육인적자원부
- Life :The Science of Biology, 2004, 7th, Sinauer Associates, Inc. Bill Purves et al.

실험 보고서

일 시	년 월 일 교시	실험조	조
학 번		기 온	
실험제목			

23장 혈구의 관찰

1 실험의 개요

혈액은 혈관 속을 흐르며 물질을 운반하고 중요한 생리 작용에 관여한다. 혈액은 혈장(plasma)과 혈구로 구성되어 있다.

혈구는 백혈구(leucocytes), 적혈구(erythrocytes), 혈소판(blood platelets)으로 구성되어 있으며, 사람의 적혈구는 원반 모양으로 헤모글로빈을 갖고 있어 붉은 색을 띤다. 또한 사람의 적혈구는 핵이 없고, 가장 많이 존재하는 혈구이다. 백혈구는 무색이고 핵이 있으며, 모양은 불규칙이고 식균작용을 한다. 혈소판은 작고 부정형이며 혈액의 응고에 관여 한다.

직접 자신의 혈액을 채취하여 혈구를 관찰해 보게 함으로써 백혈구, 적혈구, 혈소판의 형태를 알게 하고, 또 단위면적당 각각의 혈구가 차지하는 수가 얼마나 다른지를 알게 한다.

아울러 사람의 적혈구의 모양을 관찰한 후 개구리의 적혈구와 비교해 보게 한 후 왜 그러한 모양을 갖게 되는지를 이해하게 한다.

백혈구의 종류

가) **중성 백혈구(neutrophilis)** : 대부분을 차지하며(65~70%), 세포질에는 연한 핑크빛의 과립이 들어 있으며 청색의 핵을 가진다. 골수에서 생성되고 식균작용을 한다.

나) **산성 백혈구(eosinophilis)** : eosin에 염색되면 붉은 색 과립이 관찰되며 청색 의 핵을 가진다. 항원-항체 반응에 관여하는 것으로 알려져 있다.

다) **염기성 백혈구(basophilis)** : 검푸른 빛의 과립과 짙은 청색의 핵이 있으며 히스타민이나 해파린을 생성하는 것으로 알려져 있다.

라) **림프구(lymphocytes)** : 크기가 작고 핵의 대부분은 청색으로 염색된다. 면역반응을 일으키며 림프절 또는 지라에서 생성된다.

마) **단핵 백혈구(monocytes)** : 콩 모양의 핵을 가지며 활발한 식작용을 하는 것으로 알려져 있다.

2 준비물

가. 기구 : 현미경, 채혈용 바늘(란셋), 탈지면, 슬라이드 글라스, 커버글라스, 핀셋, 가위, 고무밴드

나. 재료 및 시약 : 사람의 혈액, 개구리의 혈액, 소독용 알콜(75%), giemsa염색액(또는 wright 염색액), 무수 메틸알코올

3 실험상의 유의 사항

가. 채혈을 하기 전에 채혈부위를 잘 소독한다.

나. 바늘을 가지고 장난을 하지 않도록 한다.

다. 한번 사용한 바늘을 다른 사람이 다시 사용하지 않도록 한다.

라. 사용한 바늘은 분리 배출한다.

4 탐구 과정

가. 학습목표

1) 사람의 혈액 속에 들어 있는 혈구의 종류를 알아보고 각각의 구조적 특징과 기능을 설명할 수 있다.

2) 사람과 붕어의 적혈구의 다른 점을 설명할 수 있다.

3) 사람의 적혈구와 같은 형태를 하고 있는 생물에는 어떤 것이 있는지 찾아볼 수 있다.

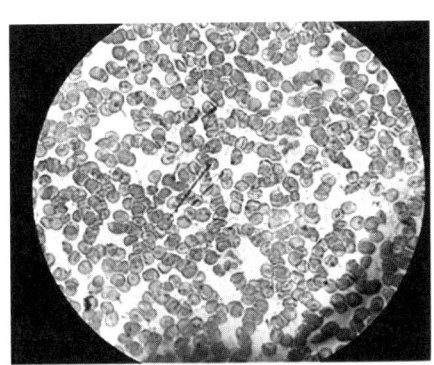

나. 절차 및 방법

실험 1 사람의 혈구 관찰

1) 엄지손가락을 소독용 알코올로 닦아 소독하고 고무밴드로 묶은 다음, 채혈용 바늘로 살짝 찔러 A, B 2장의 슬라이드 글라스 위에 피를 한 방울씩 묻힌다.
2) 슬라이드 글라스 A의 피에는 시트르산나트륨 용액을 한 방울 떨어뜨려 잘 섞은 다음 커버글라스를 덮어 현미경으로 관찰한다.
3) 슬라이드 글라스 B의 피는 커버글라스를 이용하여 얇게 편 후, 무수 메틸알코올을 가해 약 3분간 고정한 후 말린다.
4) Giemsa 염색액 한 방울을 떨어뜨려 약 10분간 염색한 다음, 커버 글라스를 덮고 현미경으로 관찰한다.

실험 2 개구리의 혈구 관찰

1) 개구리 뒷다리 끝을 가로로 약간 자른다.
2) 손으로 살며시 압력을 가하여 한 방울의 피를 슬라이드 글라스에 받는다.
3) 위의 1), 2)과정을 거쳐 관찰한다.

5 실험 결과 및 고찰

가. 사람과 개구리의 적혈구를 스케치하고 그 차이점을 알아본다.

나. 어떤 종류의 백혈구들을 볼 수 있는가? 관찰된 백혈구들을 스케치한다.

다. Giemsa 염색액에 보라색으로 염색된 세포는 무엇이며, 세포의 어느 부분이 염색되었는가?

라. A슬라이드 글라스에 시트르산나트륨 용액을 떨어뜨린 이유는 무엇인가?

마. B슬라이드 글라스에 무수 메틸알코올을 가한 이유는 무엇인가?

6 논 의

혈구의 기능에 대하여 이야기 해 보시오.

실험 보고서

일 시	년 월 일 교시	실험 조	조
학 번		기 온	
실험제목			

24장 혈액형 검사

1 실험의 개요

가. ABO식 : 1901년 오스트리아의 카를 란트슈타이너(K. Landsteiner)에 의해 구분된 방식으로, 이 ABO식 혈액형은 혈액 속 적혈구 표면에 나와 있는 항원과, 혈액 속에 들어 있는 항체에 의해 나타난다. 이는 크게 A형, B형, O형, AB형이라는 4가지 형태로 나타나며, A형은 적혈구 표면에 A형 항원(또는 응집원)을 가지고 B형은 B형 항원을 가지고 있으며 AB형은 A, B형 항원을 모두 가지고 있다. 그리고 O형은 적혈구 표면에 A형, B형 항원이 모두 존재하지 않는다. 이와 반대로, 혈액 속에는 항체가 들어있는데 A형은 항 B형 항체(또는 응집소)를 가지고 있으며 B형은 항 A형 항체, O형은 이 두 가지 항체를 모두 가지고 있고 AB형에게는 이 두 가지 항체가 모두 없다. 적혈구 표면에 나와 있는 항원과 혈액 속에 들어있는 항체간의 반응을 이용하여 ABO식 혈액형을 판정할 수 있고, 혈액형간의 수혈관계를 제시할 수 있다.

나. Rh식 : 칼란트 슈타이너가 1940년 붉은털원숭이(rhesus monkey)의 혈액과 응집반응 여부를 통해 구분한 혈액형으로 토끼에게 붉은털원숭이 혈액을 주입하면 토끼의 혈액 속에 붉은털원숭이의 적혈구를 응집시키는 항체(응집소)가 생긴다. 항체가 생성된 토끼의 혈청을 표준혈청(항 Rh혈청)으로 이용하여 이에 대한 응집여부로. 응집반응이 있으면 Rh+형 응집반응이 없으면 Rh-로 판정할 수 있다.

다. 혈액형과 수혈 : 2004년까지 알려진 혈액형의 종류는 대략 250종이다. 그 중 가장 중요한 것은 ABO와 Rh 혈액형이다. 이 두 종류만이 현재로서는 99% 이상의 수혈에 문제를 일으킬 수 있는 혈액형이다. 나머지 혈액형은 수혈에 문제를 일으키는 것은 극히 드물다. 그러므로 수혈할 때 이 두 가지 혈액형만 검사를 한다. 혈액형이 다를 경우 용혈성 빈혈을 일으킬 수 있다.

2 준비물

가. 기구 : 현미경, 채혈용 바늘(란셋), 탈지면, 슬라이드 글라스, 커버글라스, 핀셋, 가위, 고무밴드, 이쑤시개

나. 재료 및 시약 : 사람의 혈액, 소독용 알콜(75%), 표준혈청 A(항 B항체), 표준혈청 B(항 B항체), 표준혈청 Rh(항 Rh항체)

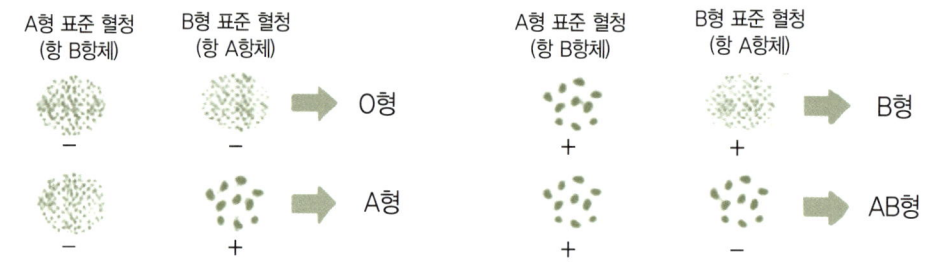

3 실험상의 유의 사항

가. 채혈을 하기 전에 채혈부위를 잘 소독한다.
나. 바늘을 가지고 장난을 하지 않도록 한다.
다. 한번 사용한 바늘을 다른 사람이 다시 사용하지 않도록 한다.
라. 사용한 바늘은 분리 배출한다.
마. 슬라이드 글라스에 떨어뜨린 피가 섞이지 않게 한다.

4 탐구 과정

가. 학습목표

1) ABO식 및 Rh식 혈액형의 응집원과 응집소를 안다.
2) ABO식 및 Rh식 혈액형 판정은 항원-항체 반응임을 안다.
3) 여러 가지 혈청으로 자신의 혈액형을 판정할 수 있다.
4) 혈액형간의 수열관계를 제시할 수 있다.

나. 절차 및 방법

실험 1 ABO식 혈액형 판정

1) 슬라이드 글라스에 표준혈청 A와 표준혈청 B를 한 방울씩 떨어뜨린다.
2) 손가락 끝을 에탄올로 소독한 후 바늘(란셋)으로 찔러서 흘러나온 혈액 한 방울씩을 각 혈청에 떨어뜨리고 이쑤시개를 이용하여 잘 섞어 준다.
3) 잠시 후 응집 반응 여부를 관찰하고, 자신의 혈액형을 판정한다

실험 2 Rh식 혈액형 판정

1) 위 실험과 동일하게 슬라이드 글라스에 표준혈청 R를 한방울 떨어뜨린다.
2) 손가락 끝을 에탄올로 소독한 후 바늘(란셋)으로 찔러서 흘러나온 혈액 한 방울을 떨어뜨리고 이쑤시개를 이용하여 잘 섞어 준다.
3) 잠시 후 응집 반응 여부를 관찰하고, 자신의 혈액형을 판정한다

5 실험 결과 및 고찰

가. 각 조원들의 혈액형을 다음 표에 맞게 쓰시오. (응집하면 +로 응집 안하면 -로 표기)

이 름	A형 표준 혈청 (항 B항체)	B형 표준 혈청 (항 A항체)	항 Rh혈청	혈 액 형

나. 혈액의 응집원은 어디에 있으며, 응집소는 어디에 있고 무슨 작용을 하는지 자세히 설명하시오.

다. 서로 다른 혈액형을 섞었을 때는 어떤 반응이 일어나는지 쓰시오.

6 논 의

가. 서로 다른 혈액형을 섞을 때 수혈 가능한 수혈표를 작성해 보자.

나. Rh 혈액형을 정의 할 때 왜 붉은털원숭이와 토끼를 이용하는지 알아보자.

실험 보고서

일 시	년 월 일 교시	실험조	조
학 번		기 온	
실험제목			

25장 삼투와 식물세포의 원형질 분리

1. 실험 목적

세포막을 가로지르는 물질 이동은 선택적으로 일어나는 특성이 있다. 본 실험은 양파 세포의 반투과 성막을 통해 확산, 삼투, 능동수송 등 세포막을 통한 물질 출입 현상을 이해하고 원형질 분리와 복귀의 원리를 설명하고자 한다.

2. 실험 원리

식물세포와 동물세포의 큰 차이점 중 하나는 세포벽의 유무에 있는데, 식물세포의 이러한 세포벽은 개체를 지탱하는 역할을 담당하고 있어 식물 개체의 유지에 없어서는 안되는 구조이다. 원형질분리(plasmolysis)란 식물세포를 삼투압이 높은 용액(高張液)에 넣으면 세포막의 반투과성 때문에 세포액이 탈수되어 원형질의 양이 줄어들고 결국 세포막이 세포벽으로부터 떨어지는 현상이다. 원형질분리를 일으키는 용액은 세포막이 그 용질에 대해 반투과성을 가져야 하며, 당과 같이 분자량이 비교적 큰 비전해질과 용해도가 큰 중성염이 흔히 쓰인다. 원형질분리를 이용해서 세포액의 삼투압을 측정하기도 하고 물이나 용질의 투과성을 조사할 수도 있다.

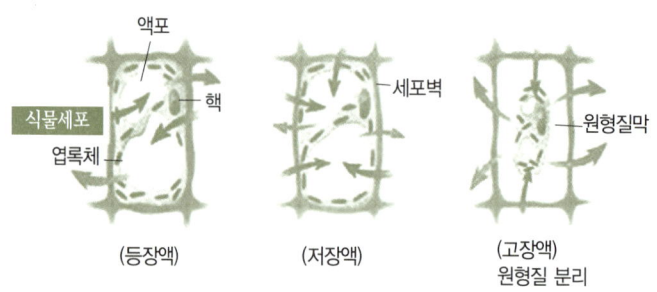

삼투는 저농도 용액에서 고농도 용액 쪽으로 세포막을 통하여 물이 이동하는 것을 말한다. 등장액에서는 물의 이동이 없고 식물세포는 제 모양을 유지할 수 있고, 저장액에서는 세포막이 세포벽에 압력을

가할 때까지 물은 액포안으로 들어온다. 세포벽에 대해 식물세포가 가하는 압력을 팽압이라 하는데 팽압이 커지고, 엽록체가 세포벽 가까이에서 보인다. 고장액에서는 액포는 물을 잃고 세포질이 수축되어 세포막이 세포벽과 분리되는 원형질 분리가 일어난다. 엽록체는 세포의 중앙에서 보인다. 식물세포의 흡수력은 그 세포가 갖는 삼투압과 팽압에 의해 결정된다.

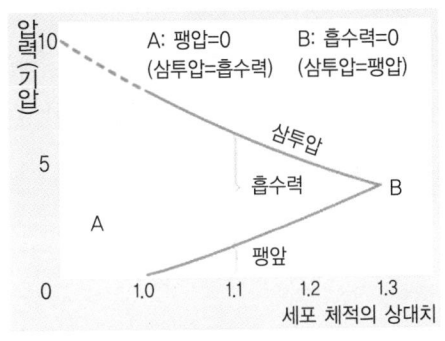

흡수력(S) = 삼투압(P) − 팽압(W)

세포의 삼투압이 높을수록 팽압이 낮을수록
→ 흡수력 왕성

삼투압 = 팽압 → 흡수력 : 0

식물세포의 액포는 삼투 조절에 중요한 작용을 한다. 액포는 세포가 활동하면서 만들어지는 독성물질이나 노폐물 등을 분해하는 역할을 하기도 한다. 이외에도 세포 내부의 이온농도 및 산성을 유지하고, 세포의 세포질을 세포막 쪽으로 밀어내어 엽록체를 세포 바깥쪽, 즉 가능한 빛에 많이 노출될 수 있도록 돕는 역할도 수행한다. 액포는 또한 안토시아닌과 같은 색소를 함유하고 있어 세포의 색깔을 결정하기도 한다. 안토시아닌은 단풍나무의 붉은색을 내는 색소이다. 액포는 이렇게 많은 물질들을 저장하고 있기 때문에, 액포와 세포질 사이에 농도 차이가 생기게 되고, 삼투압에 의해 액포 속으로 물이 흡수된다. 물이 흡수되면 액포가 커지고, 커진 액포가 세포벽에 압력을 가하게 되는데, 이렇게 세포 내부에서 외부에 가하는 압력을 팽압이라 한다. 팽압이 증가하면 식물체가 건강하고 탄력 있게 되며 팽압을 유지하지 못하면 세포에 원형질 분리현상이 일어난다. 액포는 이렇게 식물체의 삼투압 조절 및 형태 유지에도 관여한다. 식물에서 세포의 수명이 오래될수록, 또 세포가 커질수록 액포 역시 발달해 크기가 증가하며, 이는 세포 내부의 80% 이상을 차지한다.

삼투압은 물이 삼투에 의해 이동하여 반투과성 막에 가하게 되는 물기둥의 압력으로 측정 할 수 있으며 다음과 같은 식으로 나타 낼 수 있다.

$P = cRT$

P : 삼투압(기압)

c : 기체상수(0.082)

R : 용액의 몰농도

T : 절대온도(273+℃)

삼투압은 확산하는 입자(분자 또는 이온)의 수에 의해서 결정되므로 전해질인 경우 비전해질보다 전리도(해리도)만큼 삼투압이 더 크다.

3 실험 재료

양파, 면도날, 페트리디시, 핀셋, 마이크로미터, 스포이트, 비커, 슬라이드 글라스, 커버 글라스, 거름종이, 50 ml의 0 M, 0.10 M, 0.20 M, 0.25 M, 0.30 M, 0.35 M, 0.40 M, 0.45 M, 0.50 M sucrose(설탕물) 용액.

4 실험 방법

가. 비커 50 ml 8개에 각각 0 M, 0.10 M, 0.20 M, 0.25 M, 0.30 M, 0.35 M, 0.40 M, 0.45 M, 0.50 M의 설탕 용액을 준비한다.
나. 각각의 비커에 양파 껍질을 한층은 잘라서 넣는다.
다. 광학 현미경으로 양파 세포를 관찰하여 몇 M 짜리 용액에서 양파 세포가 세포질 분리가 50%정도에서 일어났는가를 관찰한다.
라. 원형질 분리가 일어난 양파 조직 프레파라트에 증류수를 가하여 양파 표피 조직을 씻어준 후, 원형질의 변화 상태를 관찰한다

5 결과 및 고찰

가. 물이나 설탕 용액의 농도차에 의하여 세포는 어떻게 변화되는가?

설탕물농도(M)	0	0.1	0.2	0.25	0.3	0.35	0.4	0.45	0.5
원형질 분리정도									

나. 각 농도에서 세포벽으로부터 세포막이 분리된 세포수를 세어 그래프로 그려 보아라.

다. 세포벽으로부터 세포막이 분리된 세포를 물로 씻어주면 어떻게 되는가?

라. 조직배양 또는 생명공학 연구에 식물세포의 원형질체가 많이 이용된다. 세포벽의 제거와 원형질체 분리 및 배양을 위한 방법에 대해 논의 하시오.

실험 보고서

일 시	년 월 일 교시	실험 조	조
학 번		기 온	
실험제목			

26장 빛의 세기와 광합성 속도

1 실험 목적

광합성의 원리와 빛의 세기가 광합성 속도에 미치는 원리를 설명하고자 한다.

2 실험 원리

광합성(光合成)은 지구상의 생물이 빛을 이용하여 화합물 형태로 에너지를 저장하는 화학 작용으로, 지구상의 생물계에서 찾아볼 수 있는 가장 중요한 화학 작용의 하나이다. 지구상의 모든 생물은 삶을 유지하기 위해 에너지를 필요로 한다. 박테리아의 번식을 비롯하여 콩이 싹을 틔우고 나무가 자라며, 우리가 태어나 숨을 거두는 순간까지의 이 모든 삶의 과정은 에너지에 직접적으로 의존하여 일어난다. 우리가 일상생활에서 자동차를 움직이고 전기 기구를 사용하며 온갖 산업 시설을 가동시키기 위해서 석유, 석탄을 연소시킬 때, 혹은 원자의 분열에서 생겨나는 에너지를 빌어 쓰듯이, 생물이 존속하기 위한 기본 조건은 간략히 말하자면 에너지라 볼 수 있다. 에너지의 전환 및 저장은 생물의 최소 단위인 세포에서 일어나며, 에너지는 화합물형태로 저장된다. 모든 생물은 광합성에 의해 생성된 산물을 생체 내 연료로 사용하고 있으며 이것을 공급하는 방법이 엽록체에서 일어나는 광합성이다. 광합성으로 에너지를 얻는 생물을 광영양생물(光營養生物, phototroph)이라고 한다.

광합성의 에너지는 궁극적으로는 흡수된 광자(→ 빛에너지)에서 오는 것이지만 실재로는 환원제(→ 화학에너지)의 환원력을 사용한다. 빛에너지는 광의존적 반응을 통해 **ATP**, **NADPH**같은 화학에너지형태로 전환되어 탄소고정(carbon fixation)에 쓰인다. 대부분의 식물이 광비의존적인 반응을 통해 이산화탄소를 탄수화물과 다른 유기물로 고정하여 고정한 화합물의 화학에너지를 사용한다. 식물의 전체 광합성 반응식은 다음과 같다:

$$nCO_2 + 2nH_2O + \text{light energy} \rightarrow (CH_2O)n + nO_2 + nH_2O$$

포도당을 포함한 6탄당(hexose sugar)과 전분(starch)이 만들어지며 주로 포도당이 주로 생성되기 때문에 광합성을 나타내는 반응식은 흔히 다음과 같이 나타낸다.

$$6CO_2 + 12H_2O + 빛 에너지 \rightarrow C_6H_{12}O_6 + 6O_2 + 6H_2O$$

탄수화물은 다른 유기화합물을 만드는데 쓰인다. 셀룰로오스(cellulose), 지질(lipid), 아미노산의 전구물질로 사용되기도 하고 세포호흡(cellular respiration)의 연료로도 사용된다. 식물에서 저장된 에너지는 먹이사슬(food chain)을 통해 이동한다. 세포호흡은 광합성과 반대로 포도당이나 다른 화합물을 산화하여 이산화탄소, 물, 화학에너지를 생성한다. 하지만 광합성과 세포호흡은 반응이 일어나는 장소와 반응과정이 서로 다르다. 식물은 주로 녹색의 색소인 엽록소로 빛을 흡수한다. 카르테노이드(carotenoid)와 같은 보조색소(accessory pigment)들은 엽록소가 흡수하지 못하는 파장의 빛을 흡수하여 엽록소의 기능을 보조하거나 과도한 빛으로부터 엽록소를 보호한다. 엽록소와 보조색소들은 엽록체라는 세포소기관(organelle)의 구성성분이다. 엽록체는 식물세포 내에 있으며 주로 잎의 책상조직에서 밀도가 높다(엽록소〈엽록체〈식물세포〈잎).

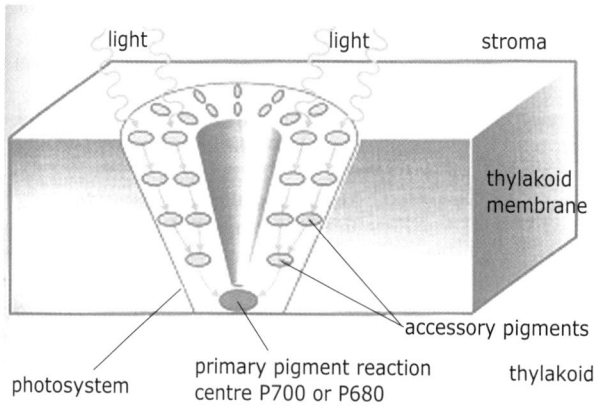

광합성에 영향을 미치는 요소는 3가지 주요소(빛(세기와 파장), 이산화탄소의 농도, 온도) 외에도 여러 가지 요인들이 있다. 광합성에 소요되는 에너지는 햇빛(가시광선 영역)이다. 엽록체 안에 존재하는 엽록소에서는 특정한 파장의 빛(청색파장(450 nm 부근)과 적색파장 영역(650 nm 부근))을 흡수하면 엽록소 분자 내 전자가 들떠서 전자전달계에 있는 다른 분자에 전달된다. 전자전달계에서는 들어온 전자 에너지로 산화 환원 반응을 진행하여 ADP를 ATP로 바꾸어주는 광인산화 반응을 한다.

$$ADP + PO_4^- + 에너지(energy) \rightarrow ATP$$

엽록소만으로는 빛의 스펙트럼 중 일부분만 이용할 수 있으므로, 식물은 엽록소 외에도 다른 많은 종류의 색소 화합물(카로티노이드, 크산토필 등)을 통하여 다양한 파장의 빛 에너지를 흡수하거나 너무 강한 빛을 거르기도 한다.

- 에너지원(빛의 파장과 세기)과 온도(블랙만의 실험)

    일정한 온도에서, 광합성률은 초기에는 빛의 세기에 따라 광합성률은 증가하다가 어느 정도 빛이 강해지면 더 이상 증가하지 않고 일정해졌다. 일정한 빛의 세기에서, 강한 빛에서의 광합성률은 한계온도까지 증가하다 그 이후 떨어지지만 약한 빛에서 온도는 광합성률에 영향을 거의 끼치지 못했다. 위 실험은 매우 중요한 2가지 사실을 보여준다. 첫째, 이 실험 광화학반응(photochemical reaction)이 일반적으로 온도에 영향을 받지 않는다는 이전의 통념을 뒤집고 새로운 이론을 제시했다. 온도에 영향을 받지 않고 빛의 세기의 영향을 받는 광의존적반응과 온도에 영향을 받는 광 비의존적반응, 2개의 반응과정이 전체 광합성과정에 관여할 것임을 알려주었다. 둘째, 블랙만의 실험은 제한요소(limiting factors)의 개념을 설명해준다. 빛이 강하더라도 온도가 낮을 경우 광합성량이 증가하지 않았다. 따라서 한 가지 결과에 여러 원인이 작용할 경우 여러 가지 중 한 가지 원인이 전체 결과를 결정짓는 제한요소로 작용할 수 있다는 것을 블랙만의 실험을 통해 알 수 있다.

- 이산화탄소

    식물체 내에 흡수된 이산화탄소는 포도당의 탄소 골격을 구성하게 된다. 이산화탄소농도가 증가하면 광 비의존적반응이 증가하여 다른 요소에 의해 저해되기 전까지 탄수화물로 저장되는 탄소량이 늘어난다. 이러한 탄소고정량 증가의 원인 중 하나는 광비의존적반응에서 이산화탄소를 고정하는데 관여하는 효소인 rubisco이다. Rubisco는 탄소고정뿐만 아니라 광호흡에도 관여하므로(rubisco는 이산화탄소뿐만 아니라 산소와도 결합한다), 이산화탄소의 농도 증가는 rubisco의 광호흡반응을 촉진할 수 있다. Rubisco에 의한 광호흡반응이 감소되면 전체적으로 봤을 때 식물의 탄소고정량이 늘어나므로 식물에게 이롭다. 보통 약 3%의 이산화탄소 농도에서 광합성반응이 최대가 되며 현재 대기 중의 이산화탄소 농도(0.03%)로도 식물의 광합성에는 충분하다.

3. 실험 재료

수조, 시험관, 전기 스탠드, 깔대기, 초시계, 온도계, 비커, 검정말, 눈금 실린더, 유리관, 0.3% $NaHCO_3$ 용액

4. 실험 방법

가. 주둥이가 넓은 실린더에 물을 넣고 잎이 많은 검정말의 줄기를 물 속에서 면도날로 10 cm 정도로 절단하여 깔때기 속에 2~3개를 거꾸로 세운다(실린더 대신 작은 수조나 큰 비커를 쓸 수도 있다).

나. 상단에 핀치콕을 장치한 유리관을 실린더 속에 거꾸로 세우고 실린더를 물이 든 큰 수조에 주의하여 넣고 유리관을 스탠드에 고정하여 아래 그림과 같이 장치한다.

다. 물의 온도는 실온으로 하고 실린더 속에는 0.3% $NaHCO_3$ 용액을 넣는다.

라. 100 W의 전구를 검정말로부터 10 cm거리에 놓고 빛을 비춘다.

마. 기포가 고르게 발생 될 때를 기다려 1분 동안에 발생하는 기포수를 세어 기록한다. 기포수는 반복하여 5회 측정하고 평균값을 계산한다.

바. 전등을 검정말로부터 10 cm, 20 cm, 30 cm, 40 cm, 60 cm, 80 cm로 이동하여 같은 방법으로 실시한다(조도계가 있으면 각각의 경우 광도를 측정해 보도록 한다).

사. X축은 전구의 거리, Y축은 기포수로 하여 각 거리에서 발생한 기포수의 평균값을 그래프로 나타내 보자.

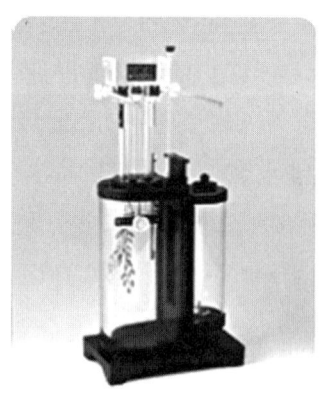
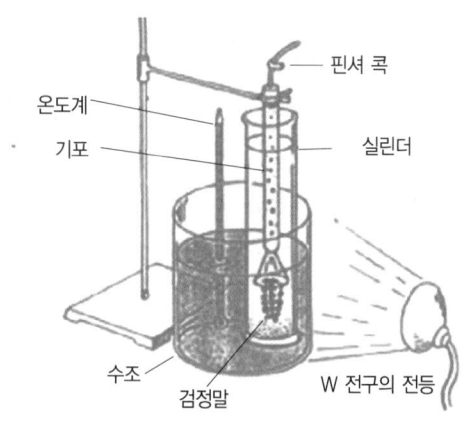

5 결과 및 고찰

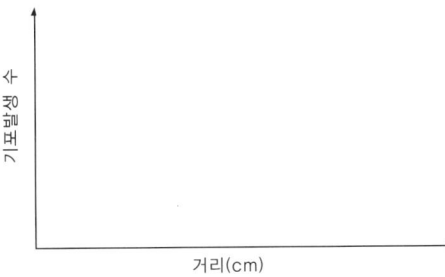

가. 각 거리에서 발생한 기포 수의 평균값을 표에 기록하고, X축은 물풀과 전등 사이의 거리, Y축은 분당 기포 발생 수로 하여 그래프로 나타내어라.

나. 빛의 세기와 발생되는 기포 수 사이에는 어떤 관계가 있는가?

다. 발생된 기포를 모은 시험관에 선향의 불똥을 대어보면 어떤 현상이 일어나는가?
발생한 기체는 무엇인가?

라. $NaHCO_3$ 용액을 넣는 이유는 무엇인가?

마. 광포화점 이상에서는 빛의 세기를 증가시켜도 광합성 량이 더 이상 증가하지 않는다. 그 이유를 조사해 보자.

바. 빛의 세기를 일정하게 하고 온도를 변화시키면 기포의 발생이 어떻게 변화할까?

실험 보고서

일 시	년 월 일 교시	실험 조	조
학 번		기 온	
실험제목			

27장 잎의 기공 개폐 조절

1 실험 목적

내부적 그리고 환경적 요인이 식물 잎의 기공 개폐조절에 미치는 영향을 조사한다.

2 실험 원리

동물이 코를 통해 호흡을 하듯이 식물은 가스교환을 위하여 진화적으로 잎 표피세포의 독특한 분화를 통해 기공(stomata)이 발달 하였다. 식물은 기공을 통해 광합성을 위한 이산화탄소의 유입이 이루어 지는데 이때 식물은 동시에 조직내의 물 손실이 일어나기 때문에 기공의 개폐는 정교히 일어나야만 생존이 가능하다.

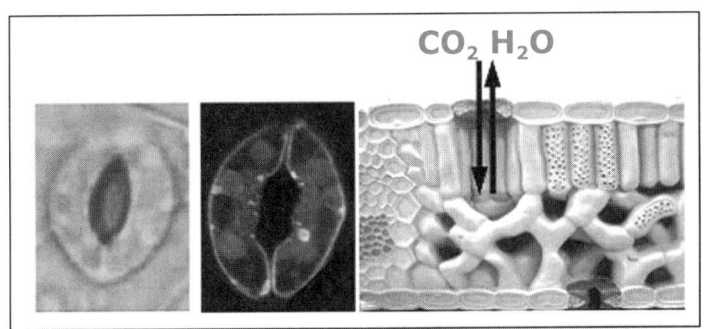

일반적으로 수분과 햇빛이 충분할 때 식물은 기공이 열리고 광합성에 필요한 이산화탄소가 유입되게 된다. 이때 불과 300 ㎛두께 이내의 수분 층을 갖는 잎은 최고도의 햇빛에 노출될 경우 높은 열 발생으로 세포의 파괴나 변성이 일어나게 되므로 기공을 통해 수분을 방출하며 열에너지를 낮추고 잎을 냉각하게 되는데 이를 증산작용이라 한다. 비록 수분의 손실은 있겠지만 식물은 증산작용을 통해 잎의 손상을 막을 수 있고 이는 우리 몸에 열이 발생할 경우 물을 뿌리게 되면 물이 열 에너지를 흡수하여 증발하며 체온을 낮추는 역할과 유사하다 할 수 있겠다.

가뭄이나 건조처럼 식물이 이용할 수 있는 수분이 부족할 경우 식물은 심각한 생존위험에 놓이게 된다. 이 경우 광합성을 위해 기공을 열고 이산화탄소를 유입할 경우 동시에 조직 내 수분의 손실을 초래하게 된다. 따라서 이산화탄소나 햇빛이 충분하다 하더라도 식물은 가뭄과 같은 환경스트레스 상황에서는 세포의 팽창과 분열이 정지되고 광합성작용에 지장을 받으며 식물호르몬 중 abscisic acid(ABA) 합성과 대사작용이 늘어나 ABA가 축적되면 기공이 닫히고 증산작용이 억제된다. 따라서 식물은 환경 조건에 따른 자극에 대한 반응으로 ABA의 합성과 대사를 통해 공변세포의 조절작용을 변화하고 공변세포는 기공(stomatal pores)의 개폐 정도를 변화시킨다. 이를 통해 식물로부터 수분이나 산소가 대기 중으로 방출되거나 광합성(photosynthesis)에 필요한 이산화탄소를 대기로부터 식물로 흡수하는 기작이 적절하게 일어난다. 다시 말해서 식물에 함유된 수분과 이산화탄소의 양이 공변세포에 의해 조절되는 셈이다.

ABA는 일반적으로 Ca^{2+}등의 2nd messenger의 영향에 의해 공변세포(guard cell) 주변의 K^+ channel이 열리어 K^+농도 감소를 유도 하는 것으로 알려져 있다. 결과적으로 세포의 삼투압(또는 팽압)이 감소하고 물이 공변세포 밖으로 이탈하여 공변세포의 체적이 감소하며 따라서 기공이 닫히게 된다. 반면에 빛은 공변세포의 H^+펌프를 활성화 시키고 H^+농도 증가는 K^+과 Cl^-이온의 공변 세포 내로의 유입을 촉진하여 물의 유입과 삼투압의 증가를 유발한다. 결과적으로 공변세포의 체적이 증가하고 기공은 열리게 된다.

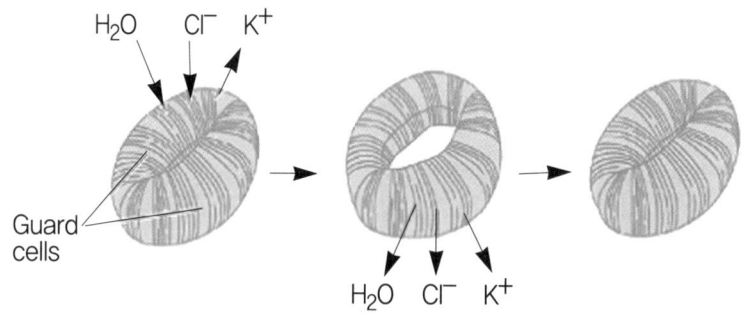

본 실험에서는 달개비, 애기장대나 옥수수 또는 담배의 잎에 있는 기공의 구조를 관찰하고 기공이 어떠한 환경조건에서 열리고 닫히는가를 현미경을 이용하여 관찰하여 기공 조절 기작을 이해한다.

3 실험 재료

기공이 잘 보이는 식물(달개비, 애기장대, 옥수수, 담배 잎) 중 1종, 현미경, 페트리 디쉬(3-5 cm 직경, 3개/조), 면도날 및 핀셋, slide glass, cover glass, 배양 buffer(30 nM KCl, 10 mM MES (pH 6.0)), ABA(10 mM)

4 실험 방법

가. 잎의 뒷면을 벗겨 3 mm – 5 mm정도로 여러 조각(20개)를 준비한 다음 배양 buffer 위에 띄운다.(표피 조직이 medium에 잠기지 않도록 주의).

나. 페트리 디쉬 뚜껑에 light, ABA, control를 써서 붙인다. Control과 light에는 배양 buffer를, ABA에는 최종 농도 10 ㎛의 ABA가 포함된 배양 buffer를 바닥을 덮을 만큼 충분히 넣는다 (미리 만들어 보관하지 말고 처리 직전에 10 mM stock 용액을 1000배 희석).

다. 표피 조직을 각각의 페트리 디쉬에 6개 이상 씩 넣는다(이때 시간을 반드시 측정).

라. Control과 ABA표시가 된 페트리 디쉬는 햇볕이나 혹은 전등불빛이 잘 드는 곳에 놓아둔다. Light라고 표시된 페트리 디쉬는 강한 빛 아래 둔다(온도 22℃–28℃).

마. 남은 표피조각을 현미경으로 검경하여 초기의 기공의 모습을 스케치(또는 사진) 한다. 이때 크기를 측정하기 위하여 자를 사진찍어 scale bar로 사용한다. 또는, 고배율에서 접안 렌즈에 접안 마이크로 미터를 장치하고 대물 마이크로 미터로 접안 마이크로 미터의 눈금의 길이를 읽는다. 접안 마이크로 미터의 길이로 해당 배율의 시야를 계산할 수 있다(또는 현미경에 카메라를 부착하여 같은 배율에서 촬영한 후 NIH image 소프트웨어를 이용하여 기공의 크기를 측정한다).

바. 약 10개 이상의 기공의 크기를 측정한다.

5 결과 및 고찰

가. 여러 조건에서 측정한 기공의 크기를 다음 표와 그래프로 나타낸다.

	Control	ABA	Light
초기/ 평균크기			
초기/표준편차			
1시간 후/평균크기			
1시간 후/표준편차			

나. 강한 light를 처리한 경우 control(대조군)에 비해 시간에 따라 기공의 크기에 어떠한 변화가 있는가? 변화가 있다면 그 이유는 무엇 때문인가?

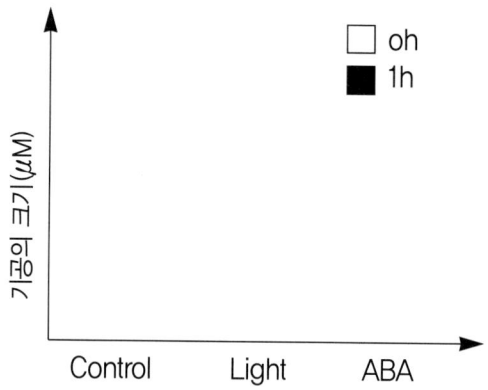

다. ABA를 처리한 경우 대조군에 비해 기공의 크기에 어떠한 변화가 있는가? 변화가 있다면 그 이유는 무엇 때문인가?

라. 기공의 개폐가 식물의 생존 전략에 중요한 이유에 대해 논의해 보시오

실험 보고서

일 시	년 월 일 교시	실험 조	조
학 번		기 온	
실험제목			

28장 곤충채집 및 표본제작

1 실험의 개요

곤충을 잡는 도구

- 포충망

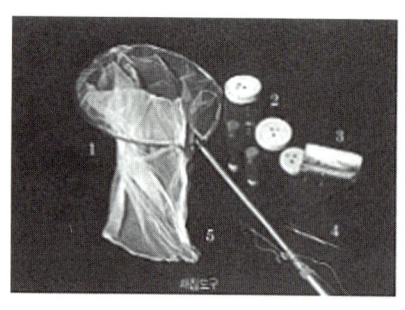

나비·나방·잠자리·벌 등 주로 날아다니는 곤충을 잡기 위한 도구로 쓰이나 때론 풀숲에 있는 작은 곤충이나 물속에 사는 곤충을 잡을 때도 사용한다.

날아가는 곤충을 잡는 그물은 부드럽고 모기장처럼 들여다 보이며 바람이 잘 통하는 것이 좋다. 그물의 깊이는 60 cm 정도가 알맞으며 이보다 너무 길거나 짧아도 좋지 않다. 짧으면 들어갔던 곤충이 도로 나올 염려가 있고 너무 깊으면 곤충을 꺼내기가 불편하다.

곤충을 죽이는 도구

그물 속에 들어간 나비를 산채로 끄집어 내려고 하면 날개의 비늘가루가 손에 묻어 날개가 상하기 쉽다. 그러므로 그물 속의 나비가 움직이지 못하도록 한 후 그물 밖에서 나비 가슴 양쪽을 손가락으로 잠시 누르고 있으면 죽어버린다. 이 죽은 나비는 손바닥에 받아서 삼각지 속에 넣으면 된다.

나방은 보통 나비를 죽일 때처럼 가슴을 누르면 힘을 잃고 날지 못하게 된다. 이렇게 된 것을 살충관 속에 넣어서 죽이면 된다.

잠자리는 산 채로 삼각지에 넣어 두면 굶어서 그대로 죽기 때문에 다른 수고는 적은 편이다.

- 독병

앞에서 말한 몇 종류를 뺀 대부분의 곤충들을 죽이는 데 쓰이는 도구이다. 유리로 만든 것이 많으나 쉽게 깨어질 염려가 있어서 플라스틱으로 만든 것도 있다. 그러나 플라스틱제는 약품의 종류에 따라서 용기가 녹아버리는 수가 있으므로 주의하지 않으면 안된다. 보통 때는 2~3개 정도 주머니에 넣고 아니면 충분할 것이나 본격적인 채집시에는 10여개를 매단 채집띠를 준비하여 딱정벌레류, 벌류, 메뚜기류 등 종류에 따라서 각기 다른 관을 사용한다. 만약 한 독병에 다수의 곤충을 넣어 두면 흔히 입이 발달한 것은 다른 것의 더듬이나 기타 부분을 손상시키는 일이 많다. 또 이 독병에 넣을 수 없을 정도로 몸이 큰 종류는 따로 준비한 입이 큰 독병을 이용하는 것이 좋다.

- 살충제

  청산가리나 청산소오다 : 속효성으로 큰 곤충도 즉시 마비를 일으켜 죽는다. 그러나 이 살충제를 쓰는 경우 죽은 곤충은 몸의 각부 관절이 굳어져버려 나중에 다리를 정리한다든가 날개를 펼 때 불편한 점이 적지 않다.

  초산 에델 : 이것은 딱정벌레나 노린재 따위가 죽은 후에도 각 관절이 굳어지지 않아서 좋다. 그러나 녹색계통의 어떤 종류는 변색하는 일이 있으므로 주의할 필요가 있다.

  암모니아액 : 작은 나방·파리·좀벌 등은 때로 작은 상자에 넣어 산채로 갖고 오는 일이 있는데 이들은 흔히 전시하기 직전에 암모니아액에 적신 솜을 그 상자 속에 넣어서 죽인다. 또 대부분의 곤충의 알·유충·번데기와 일부분의 연약한 곤충 혹은 미소한 곤충의 성충들은 알콜올 속에 넣어서 죽은 그대로 보존하는 일도 많다.

알아두기

- 곤충채집법

  곤충채집법은 채집하고자 하는 곤충의 종류나 채집목적에 따라서 여러가지가 있다. 곤충의 종류라고 하면 그 생태는 종마다 달라서 엄밀히 말하면 종마다 채집법이 각기 다르다고 말할 수 있다. 따라서 곤충채집을 가장 능률적으로 하기 위해서는 목적하는 곤충의 생태, 특히 생활장소, 먹이, 산란장소, 나타나는 시기 등의 모든 습성을 미리 잘 알고 있는 것이 이상적이다. 특수한 도구를 사용하는 특수한 채집법에 대해서만 설명하겠다.

- 유인채집법

  발효한 나무진에 모이는 나비, 짐승똥에 모이는 풍뎅이, 동물의 사체에 모이는 송장벌레 등과 같이 곤충에는 각기 좋아하는 기호를 가지고 모이는 습성이 있다. 이 기호를 이용하여 채집하는 방법을 유인채집법이라 한다.

- 유인트랩

  나비 중에는 나무진, 썩은 과일, 발효한 인분이나 오줌 등 암모니아의 냄새가 나는 것을 좋아하는 종류가 많다. 그래서 유인트랩 밑에 바나나와 같은 과일을 놓아 두면 모였던 나비들이 날아갈 때에 위의 그물로 들어가게 되어 있다.

- 당밀유인법

    개미나 벌 따위가 꿀에 모이는 습성을 이용한 채집법으로 주로 밤에 활동하는 나방류를 채집하는 경우에 사용한다. 당밀 만드는 법에 여러가지가 있으나 간단히는 흑설탕을 끓여서 거기에 소량의 포도주나 위스키를 넣으면 향기를 내기 때문에 좋다. 이렇게 만든 당밀을 나방이 올 듯한 참나무 떡갈나무 등의 나무줄기 위에 발라두고 어두워진 후에 그곳에 모인 곤충을 채집하면 된다.

- 함정채집법

    송장벌레는 동물들의 사체에 잘 모이므로 큰 나무들이 우거진 곳에 땅을 파고 땅과 수평하게 빈 깡통을 파묻은 후 그속에 죽은 물고기나 개구리 따위를 넣어두면 곧 썩는다. 이때 그 냄새를 맡고 송장벌레 먼지벌레 등이 모여든다. 그리고 비가 오면 깡통속에 빗물이 괴므로 비를 피할 수 있도록 뚜껑을 덮을 필요가 있다.

- 야간채집법

    곤충이 불빛에 모여드는 습성을 이용한 채집법이다. 보통 밤에 등불에 곤충을 유인하여 채집하는데 나방류의 채집에 가장 널리 이용된다. 그 밖에도 딱정벌레류, 강도래, 날도래, 하루살이류 등 등불에 모여드는 모든 곤충에 적용되고 있다. 무덥고 바람이 없는 흐린 날 밤에 가장 효과가 크고 기온이 낮은 달이 밝은 밤에는 효과가 적으므로 먼저 월력과 기후상태를 잘 알아본 후 야간채집 일정을 세워야 한다. 곤충이 모이는 시간은 보통 해진 후 2시간 정도이며 하룻밤 사이에도 모이는 곤충의 수에 변화가 많다. 등불의 종류는 전기가 들어오는 곳에서 형광 등을 이용하는 것이 가장 효과적이나 전기가 없는 산속이나 벽촌 등에서는 휘발유램프나 프로판까스 또는 전지나 휴대용 소형발전기가 이용된다. 등불채집시에는 반드시 뒤에 흰 천 위에 붙으므로 잡아서 입이 큰직한 살충관에 넣어 죽인다. 이 경우 살충제는 될 수 있는대로 속효성 청산칼리 등을 사용하는 것이 좋다. 왜냐하면 관내의 나방이 죽지 않아서 날개를 퍼덕거리게 되면 비늘 가루가 벗겨져 날개가 더럽혀지기 때문이다.

표본제작

채집된 곤충은 표본을 만들어 오래도록 보존하게 되는데 물론 보기에 아름답고 조사하기에도 편리하게 만들지 않으면 안된다. 곤충표본은 보통 건조표본, 액침표본, 프레파라트표본으로 나눌 수 있다.

- 곤충바늘

    곤충표본을 만드는 데 쓰는 바늘을 곤충 바늘이라 한다. 곤충표본용으로 특별히 만들어진 것으로 길이가 보통 3.5~4 cm이다. 시중에서 파는 사무용핀은 짧아서 곤충의 다리를 상하게 한다. 또 곤

곤충바늘은 스테인레스제가 가장 좋은데 구미에서 널리 사용되고 있는 강철제는 우리나라와 같이 장마철에 습기가 많은 곳에서는 녹이 슬어서 표본을 다칠 염려가 있다. 바늘의 굵기는 제 0호에서 7호까지 있는데 0호가 가장 가늘다. 0호는 몸이 조그만 나방이나 딱정벌레 따위에 알맞고 일반 곤충은 몸의 크기에 따라 3~4호가 좋으며 5호는 산누에나방이나 장수풍뎅이와 같이 아주 몸이 큰 곤충에 적당하다. 사용할 때는 바늘의 위쪽 1/3~1/4되는 곳에 곤충이 오도록 하고 아래쪽 1/3내외의 곳에 레이블을 꽂도록 한다. 바늘은 곤충의 몸과 수직하게 꽂아야 한다. 나비, 벌 등은 가슴 등쪽의 중앙에, 딱정벌레는 오른쪽 날개의 기부로부터 중앙 가까운 쪽에 노린재는 마름모부위의 중앙에서 다소 오른쪽에, 매미는 가운데 가슴의 중앙에서 다소 오른쪽에 꽂는 것이 좋다. 이것은 대체적으로 곤충은 좌우대칭이기 때문에 꽂아서 연구하는데 불편을 없애기 위함이다.

- 전시판

바늘을 꽂아서 건조시키면 표본은 완성되나 나비·나방·벌·잠자리 등은 날개를 펴서 예쁘게 만드는 것이 보기에도 좋을 뿐더러 조사하는 데도 편리하다. 이 목적으로 사용되는 것이 전시판인데 전시판은 보통 오동나무로 만들며 중앙에 홈이 있다. 전시가 끝나면 그대로 2~4주간 먼지나 벌레가 없는 곳에 놓아두어 건조시키면 훌륭한 표본이 된다.

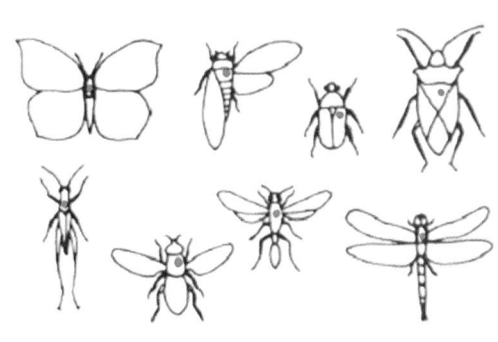

- 전족판

딱정벌레·메뚜기·노린재 등은 바늘을 꽂은 후 그냥 건조시키면 다리가 멋대로 꼬여서 보기가 흉하게 된다. 전족판은 이들 다리를 보기에 흉하지 않게 정돈하기 위한 도구이다.

- 평균대

곤충표본의 높이를 일정하게 하기 위해 사용하는 계단형의 받침대로 각 단의 중앙에 깊은 구멍이 하나씩 있다. 평균대는 이밖에 레이블을 꽂을 때 그 높이를 일정하게 하는 데에도 사용된다.

- 연화법

채집하여 오래된 곤충은 몸이 굳어서 전시 또는 전족하기가 어렵게 되므로 나비, 나방류는 삼각지에 들어있는 채로 부드럽게 만들어 전시판에 전시한다. 이 때 연화기를 사용하면 편리하나 그런 것이 없는 경우는 뚜껑을 닫을 수 있는 적당한 깊이의 대형 샤알레(schale), 남비 혹은 도시락통 등을 이용할 수가 있다. 이들 용기에 물에 적신 탈지면을 밑에 깔고 그 위에 연화하고자 하는 곤충을 삼각지에 싼 채로 2~3일 놓아두면 연화가 되므로 전시, 전족할 수 있게 된다. 물기가 많으면 물이 날개에 까지 올라가 날개가 오염되기 쉬우므로 주의가 필요하다. 탈지면 대신 축축한 모래를 이용할 수도 있다. 어느 경우를 막론하고 여름에는 모래 위에나 혹은 연화하고자 하는 곤충의 몸에 곰팡이가 발생하기 쉬우므로 용기 속에 페놀(석탄산)을 2~3방울 떨어뜨려 두는 것이 좋다. 급하게 연화하려 할 때 또는 배가 특히 큰 나방 등은 주사기로 묽은 알코올을 주입하든가 에테르를 날개 밑부분에 주입하면 빨리 연화된다.

- 레이블(label)

다 만들어진 표본에는 반드시 채집 장소, 채집일, 채집자명을 기록한 레이블을 만들어 곤충바늘 아래 1/3쯤 되는 곳에 꽂아두도록 해야 한다. 이때 채집 장소의 상황, 가해식물 등을 레이블에 간단히 적어 그 밑에 함께 꽂아 놓으면 나중에 더욱 편리하겠다. 레이블은 될 수 있는 데로 조그맣게 하고 크기를 일정하게 하는 것이 좋다.

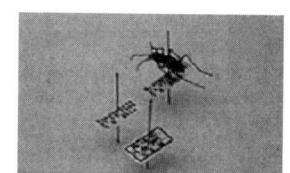

- 액침표본 만드는 법

건조표본으로서는 연구 또는 보존에 적합하지 않는 것, 예를 들면 톡토기, 강도래, 날도래, 진딧물 등은 액침표본을 만들든가 혹은 프레파라트 표본을 만든다. 이 때 50~70%의 알코올이 널리 사용되고 있다. 일반적으로 몸이 연약한 곤충은 농도가 높은 알코올에서는 몸이 수축하며 낮은 것에서는 고리 마디가 늘어나므로 곤충의 종류나 연구목적에 따라서 농도를 달리해서 사용하는 것이 좋다. 포르말린은 일부 수서곤충에서 사용되는 경우가 있는데 몸이 굳어지는 일이 많고 또 자극적인 냄새가 강하므로 특별한 경우를 제외하고는 사용하지 않는 것이 좋겠다.

- 프레파라트 표본 만드는 법

아주 작고 연약한 곤충무리, 진드기무리성충무리나 혹은 큰 곤충일지라도 몸의 일부분을 현미경으로 확대하여 관찰해보고자 할때 프레파라트 표본을 만든다.

표본의 보존

아무리 훌륭하게 만들어 놓은 표본이라도 그의 보존관리가 나쁘면 얼마 안되어 못쓰게 된다. 곤충의 보존관리에 있어서 가장 중요한 것은 곤충상자인데 이 곤충상자의 좋고 나쁨이 표본의 보존관리를 좌우한다.

- 표본상자

    표본을 전문적으로 보존하기 위해서는 완전히 밀폐할 수 있는 상자가 필요하게 된다. 우리나라에서는 보통 오동나무와 피나무로 만든 상자를 구입할 수 있다. 이들 상자는 한편에 유리가 붙은 것과 그렇지 않은 것이 있다. 유리를 달지 않는 것은 속에 든 내용을 볼 수가 없어 불편하나 많은 표본을 좁은 장소에서 보관하고자 할 때는 편리하다. 밑바닥에는 코르크판을 깔아서 곤충바늘이 쉽게 꽂히도록 하고 그 위에 흰 종이를 바르면 한결 표본이 돋보이고 깨끗한 느낌을 준다.

- 보존할 때의 주의

    표본을 보존 할 때는 광선·벌레·곰팡이의 3가지 점에 특히 주의하지 않으면 안된다. 광선에 의한 색의 변화와 곰팡이의 해는 건조하고 컴컴한 곳에 보관하면 해결된다. 또 충해는 주로 애알수시렁이다듬이벌레좀에 의한 것이
    므로 표본상자에 나프탈린을 넣어두면 강력한 방충효과가 있으나 기름이 배어 나와서 표본을 더럽히는 결점이 있다. 구슬 모양의 나프탈린은 살충효과가 약할 뿐만 아니라 상자속을 굴러다니어 표본을 상하게 할 염려가 있으므로 사용하지 않는 것이 좋다.

- 해충·곰팡이가 발생했을 경우

    표본에서 해충이 발견되면 즉시 그 표본상자 안에 파라디클로벤젠 가루를 대량으로 뿌려서 며칠 동안 밀폐하여 두면 완전히 살충할 수 있게 된다. 곰팡이가 발생하면 이황화탄소, 페놀 등을 밀봉하여 곰팡이가 죽은 후 붓으로 떨어버리면 된다. 만약 알코올 등으로 씻으면 표본을 못쓰게 만들 염려가 있으므로 절대로 피하는 것이 좋다. 또 곰팡이를 방지하려고 흔히 페놀클레오스트를 사용하는 일이 있으나 표본을 변색하거나 바늘이 부식할 염려가 있으므로 될 수 있는 대로 사용하지 않는 것이 좋다.

- 표본상자의 보관

    표본상자는 건조한 방에 놓아두어야 한다. 우리나라와 같이 장마철에 습기가 많은 곳에서는 표본상자의 보관은 특별히 신경을 쓰지 않으면 안된다. 표본상자는 될 수 있는 대로 장속에 넣어두는 것이 좋다. 또 표본상자는 한 두가지의 크기로 통일하여 두는 것이 다루기가 편리하다.

표본의 정리

- 분류군에 의한 배열방법

    표본을 표본상자에 배열하는 방법에는 여러 가지가 있는데 가장 널리 쓰이는 방법은 분류군에 따라 배열하는 방법으로 과 또는 과에 속하는 무리별로 다른 상자에 넣어둔다. 한 상자 속에서는 왼쪽으로부터 세로로 몇 개로 구분하여 나비, 나방, 잠자리, 매미 등의 몇 줄로 나누고 각줄은 곤충체로 세로로 일직선이 되도록 하며 같은 종류가 몇 줄이 될 때는 그 오른쪽으로 줄을 덧붙인다. 이 방법은 표본이 많아져서 각 종 사이에 새로운 종을 추가할 때에는 그 종 이후의 표본을 전부 이동하지 않으면 안되므로 많은 시간과 노력을 허비한다. 그러므로 보기에는 좋지 않으나 표본상자 속을 몇 개의 작은 상자로 구획하여 종 또는 무리별로 같은 상자에 넣도록 하면 좋다. 추가할 때는 작은 이상자만을 옮기면 된다. 이 방법은 유럽미국 등에서 대량의 표본을 보관하고 있는 박물관에서 사용되고 있는 방법이다.

- **지역구분에 의한 배열방법**

지역별 구분으로서 채집지별로 나누어 수용하는 방법이다. 이 방법은 한 지방의 종류를 조사하는 데는 매우 편리하나 일정한 무리만을 조사하고자 할 때는 여러 상자를 조사해야 하기 때문에 매우 불편하다.

이밖에 침해받는 식물별로 즉 어떤 종류의 식물을 가해하는 곤충 전부를 같은 상자에 넣어둔 다든가 해충 또는 익충별로 같은 상자에 넣어둔다든가 하는 식으로 특수한 목적에 맞도록 배열하는 방법도 있다.

2 준비물

가. 기구 : 광학현미경, 해부현미경, 전시판, 핀셋, 스포이트, 포충망, 독병, 삼각통, 확대경, 흡충관
나. 재료 및 시약 : 곤충핀, 유산지, 청산칼리

3 탐구 과제

가. 절차 및 방법

실험 1 곤충채집법 (토양곤충)
1) 땅위에 흰 포를 깔고 그 위에 모기장을 놓는다. .
2) 낙엽을 떠서 모기장 위에 올려 놓은 다음 두 사람이 모기장의 양쪽을 잡고 턴다.
3) 흰 포위에 떨어진 곤충을 흡충관을 이용하여 잡는다.
4) 잡은 곤충을 에탄올이 들어있는 병에 담는다.
5) 해부현미경을 이용하여 관찰하고, 관찰한 결과를 그린다.

실험 2 곤충채집법(날아다니는 곤충) 및 표본 제작법

1) 곤충채집망을 이용하여 날아다니는 곤충을 잡는다.
2) 풀위에 사는 노린재류의 곤충은 곤충채집망으로 훑어 채집한다.
3) 나비의 가슴을 눌러 나비를 기절시킨 후 유산지에 싸서 삼각통에 넣는다.
4) 나머지 곤충은 독병에 넣어 죽인다.
5) 전시판을 이용하여 곤충을 보기좋게 고정시킨다.
6) 표본상자에 넣고 좀 등의 벌레들이 들어오지 못하도록 나프탈렌을 넣어준다.

4 결과 및 고찰

1) 토양에는 어떤 종류의 곤충들이 살고 있습니까?

2) 위와 같은 토양곤충들의 생태계 내에서의 역할은 무엇입니까?

3) 곤충채집망을 이용하여 어떤 곤충들을 잡았습니까?

4) 곤충의 특징을 요약해 보시오.

5 논 의

실험 보고서

일 시	년 월 일 교시	실험 조	조
학 번		기 온	
실험제목			

29장 식물군집의 조사

1 실험의 개요

- 어떤 공간을 차지하고 살아가는 동식물로 된 개체군을 통틀어 군집이라고 한다. 군집의 특징은 일반적으로 군집을 구성하는 식물의 종류와 수에 따라 결정된다. 식물 군집은 피도, 빈도, 밀도를 조사하고, 이 데이터에 의하여 상대피도, 상대빈도, 상대밀도를 계산하여 중요 값을 산정한다.
- 중요 값을 크기에 따라 순위를 결정한 다음 우점 종을 결정하여 군집의 이름을 붙이게 된다.
- 식물 군집을 조사하는 방법은 방형구법, 대상법, 선상법 등을 사용하며 넓은 지역은 항공사진을 판독하여 조사하기도 한다.
- 방형구법에 의한 주변의 잡초 군집을 조사하고 그 군집의 특성을 알아보자.

2 준비물

가. 기구

방형구(1 m×1 m), 줄자(10 m), 전정가위, 채집도구

나. 재료

여러 종류의 단추, 모눈종이, 비닐주머니, 필기도구, 식물도감

3 실험상의 유의 사항

가. 조사하는 군집에서 자라고 있는 식물의 종류와 이름을 익힌다.
나. 넓은 군집에서는 크게 구분하여 구분된 장소마다 방형틀을 놓고 측정한다.
다. 피도를 조사할 때 피도 계급을 사용하여 정량한다.

4 탐구 과정

가. 문제 제기

1) 군집의 조사방법에는 어떤 것이 있는가?

2) 우점종을 결정하는데는 어떤 요인들이 있는가?

나. 절차 및 방법

1) 조사 지역을 선정한 후 각 조의 영역을 정한다.
2) 조사 지점에 10 m줄자를 놓고 방형구 틀을 설치하고 그래프 용지에 식물이 나 있는 모양을 그린다.
3) 조사표에 방형구 내의 식물명, 개체수 및 식물의 피도를 종별로 기입한다.
4) 식물 종 이름을 모르는 것이 있으며 표본을 비닐주머니에 채집하여 식물명을 식물 도감에서 조사한다.
5) 각종의 상대 밀도, 상대 피도, 상대 빈도를 구하고 중요값을 계산한다.

- 상대 피도(%) = $\dfrac{\text{구하려는 식물종의 피도}}{\text{조사한 전 식물종의 피도합}} \times 100$

- 상대 빈도(%) = $\dfrac{\text{구하려는 식물종의 빈도}}{\text{조사한 전 식물종의 빈도합}} \times 100$

- 상대 밀도(%) = $\dfrac{\text{구하려는 식물종의 밀도}}{\text{조사한 전 식물종의 밀도합}} \times 100$
- 중요치(%) = 상대 피도 + 상대 빈도 + 상대 밀도

5 결과 및 고찰

가. 각 방형구마다 우점종과 희소종을 구별하여 보아라.

나. 식물 군락에서 밀도가 높은 종이 피도와 빈도도 높은가?

다. 피도가 높은 종은 그 군락에 어떤 영향을 끼친다고 생각되는가?

참고 문헌

과학 I상 실험서 전라북도과학교육원 출판

실험 보고서

일 시	년 월 일 교시	실험조	조
학 번		기 온	
실험제목			

30장 식물 채집방법 및 표본제작

1 실험의 개요

식물을 채집하고 표본을 제작하는 것은 식물의 분포를 알 수 있으며, 식물의 관찰능력을 기르고 채집방법을 습득하는데 도움을 준다. 그리고 이를 통해 식물의 이름과 분류학적 위치를 알 수 있으며, 동정하는 능력에의 배양에도 좋다.

2 준비물

가. 기구

뿌리삽(모종삽), 전정가위, 비닐주머니(동낭), 장갑, 야책, 야책끈, 창호지, 메모지(field note), 신문지, 두꺼운 마분지(흡지), 식물도감 또는 식물지

나. 재료

에틸알콜, 포르말린

3 탐구 과정

가. 이상적인 표본

1) 벌레먹지 않은 완전한 잎이 다수 붙어 있어야 한다.
2) 곤충의 알이나 곰팡이 등이 붙어 있지 않아야 한다.
3) 꽃이나 열매가 있어야 동정하기 쉽다.
4) 잎이나 꽃이 1개만 있는 표본은 피해야 한다.

나. 알맞은 식물의 크기

1) 초본

- 크기가 작은 것 : 뿌리까지(인경, 구경, 구근 밑의 뿌리에 주의) 채집한다.
- 크기가 큰 것 : 뿌리는 제외하나 외부형태를 메모지에 기록한다.

2) 목본 : 생식기관이 달려있는 가지의 일부

크기가 큰 식물 : 신문지내 L, N, W자형으로 접은 크기

다. 절차 및 방법

1) 수생식물 : 조류, 개구리밥 등이 있다.

물 밖으로 나오면 연약한 잎이 서로 엉키므로 플라스틱 용기 등에 물을 담아 식물을 넣음 → 식물이 물위에 뜸 → 대지를 물속에 담가 위로 올리면 식물이 대지 위에 올려지게 됨 → 물을 뺀 후 신문지에 넣음

2) 큰 열매 : 원형 그대로 공기 중에 말리거나 또는 얇게 잘라 신문지에 넣는다.

3) 선인장, 다육식물 : 쪼개서 내용물을 제거한다.

4) 점액성 식물, 매우 작은 꽃 : 신문지 사이에 부드러운 종이, wax paper 넣는다.

5) 식물을 야책에 정리하는 방법

겹쳐진 여러 장의 신문지를 2번 접은 사이에 흙을 제거한 후 식물을 잘 펴서 넣음 → 잎이나 꽃이 서로 겹쳐지지 않게 펴고, 잎 중에 1개 이상은 뒷면을 위로 나오게 배열 → 신문지 사이에 흡수지를 넣음 → 식물 전체를 야책에 넣고 야책끈으로 단단히 묶음

6) 건조 방법

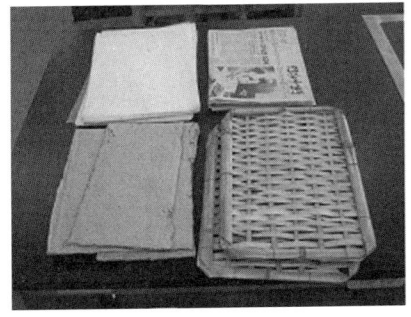

① 준비물 : 신문지, 야책, 흡습지, 골판지

② 채집한 식물을 신문지에 넣는다.

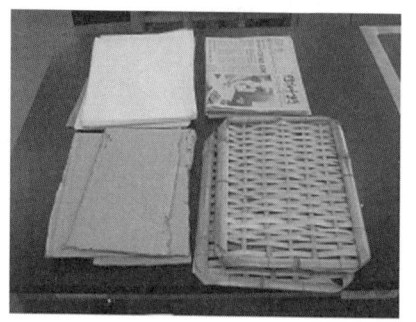
③ 골판지-흡습지-신문지 순으로 쌓는다.

④ 신문지를 차례로 3번 순으로 쌓는다.

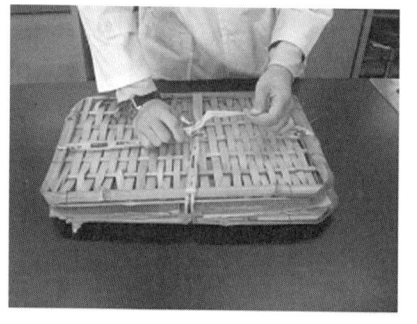
⑤ 야책으로 단단하게 묶는다.

⑥ 건조기에 넣는다.
신문지는 하루에 한번씩 교체해 준다.

7) 표본 제작

① 준비물 : 대지, 유산지, 글루건, 생물, 종이컵

② 유산지를 대지위에 풀로 붙인다.

③ 식물체를 대지에 조심스럽게 붙인다.

④ 대지 오른쪽 하단에 라벨을 붙인다.

2 표본의 취급

가. 대지를 기울이거나 세워서는 안되고 항상 평평하게 유지한다.

나. 여러 개의 표본을 볼 때 표본을 책장 넘기듯이 뒤집어 넘기지 않는다.

다. 손을 이용하여 표본의 가운데 양쪽 가장자리를 잡아서 하나씩 옆으로 놓고 다음 것을 그 위에 올려 놓는다.

라. 무거운 물건, 책, 찻잔, 팔꿈치 등을 표본 위에 올려놓지 않는다.

실험 보고서

일 시	년 월 일 교시	실험 조	조
학 번		기 온	
실험제목			